长江流域水库群科学调度丛书

荆南四河水沙变化及对策

徐高洪　王　海　戴明龙　陈　玺　张冬冬　等　编著

科学出版社

北　京

内 容 简 介

本书以新水沙和上游水库群联合调度条件下荆南四河水沙变化及对策为研究对象，开展新水沙条件下荆南四河及洞庭湖区水文情势变化、冲淤演变趋势及河道冲淤变化等研究，定量评估上游梯级水库群不同运行调度方式、河道冲淤变化与荆南四河水资源量、洞庭湖区水位的响应关系，在明晰以上江湖关系变化的基础上，提出新水沙条件下荆江三口河口疏浚方案，其对探索江湖关系发生变化后的荆南四河水系水资源、水环境演变机理意义重大，可以为上游梯级水库群科学制定蓄水、供水等联合调度方案提供科学可靠的参考依据。

本书可供水文水资源规划、水利水电工程等科研单位研究人员及高校学生参考阅读。

图书在版编目（CIP）数据

荆南四河水沙变化及对策/徐高洪等编著. —北京：科学出版社，2023.11
（长江流域水库群科学调度丛书）
ISBN 978-7-03-076934-3

Ⅰ.① 荆⋯　Ⅱ.① 徐⋯　Ⅲ.① 含沙水流-研究-湖北　Ⅳ.①TV131.2

中国国家版本馆 CIP 数据核字（2023）第 213264 号

责任编辑：邵　娜/责任校对：郑金红
责任印制：彭　超/封面设计：无极书装

科 学 出 版 社 出版

北京东黄城根北街 16 号
邮政编码：100717
http://www.sciencep.com

武汉精一佳印刷有限公司印刷
科学出版社发行　各地新华书店经销

*

开本：787×1092　1/16
2023 年 11 月第 一 版　　印张：12
2023 年 11 月第一次印刷　　字数：299 000
定价：169.00 元
（如有印装质量问题，我社负责调换）

"长江流域水库群科学调度丛书"序

长江是我国第一大河，流域面积达 178.3 万 km^2。截至 2022 年末，长江经济带常住人口数量占全国比重为 43.1%，地区生产总值占全国比重为 46.5%。长江流域在我国经济社会发展中占有极其重要的地位。

长江三峡水利枢纽工程（简称三峡工程）是治理开发和保护长江的关键性骨干工程，是世界上规模最大的水利枢纽工程，水库正常蓄水位 175 m，防洪库容 221.5 亿 m^3，调节库容 165 亿 m^3，具有防洪、发电、航运、水资源利用等巨大的综合效益。

2018 年 4 月 24 日，习近平总书记赴三峡工程视察并发表重要讲话。习近平总书记指出，三峡工程是国之重器，是靠劳动者的辛勤劳动自力更生创造出来的，三峡工程的成功建成和运转，使多少代中国人开发和利用三峡资源的梦想变为现实，成为改革开放以来我国发展的重要标志。这是我国社会主义制度能够集中力量办大事优越性的典范，是中国人民富于智慧和创造性的典范，是中华民族日益走向繁荣强盛的典范。

2003 年三峡水库水位蓄至 135 m，开始发挥发电、航运效益；2006 年三峡水库比初步设计进度提前一年进入 156 m 初期运行期；2008 年三峡水库开始正常蓄水位 175 m 试验性蓄水期，2010～2020 年三峡水库连续 11 年蓄水至 175 m，三峡工程开始全面发挥综合效益。

随着经济社会的高速发展，我国水资源利用和水安全保障对三峡工程运行提出了新的更高要求。针对三峡水库蓄水运用以来面临的新形势、新需求和新挑战，2011 年，中国长江三峡集团有限公司与水利部长江水利委员会实施战略合作，联合开展"三峡水库科学调度关键技术研究"第一阶段项目的科技攻关工作。研究提出并实施三峡工程适应新约束、新需求的调度关键技术和水库优化调度方案，保障了三峡工程综合效益的充分发挥。

"十二五"期间，长江上游干支流溪洛渡、向家坝、亭子口等一批调节性能优异的大型水利枢纽陆续建成和投产，初步形成了以三峡水库为核心的长江流域水库群联合调度格局。流域水库群作为长江流域防洪体系的重要组成部分，是长江流域水资源开发、水资源配置、水生态水环境保护的重要引擎，为确保长江防洪安全、能源安全、供水安全和生态安全提供了重要的基础性保障。

从新时期长江流域梯级水库群联合运行管理的工程实际出发，为解决变化环境中以三峡水库为核心的长江流域水库群联合调度所面临的科学问题和技术难点，2015 年，中国长江三峡集团有限公司启动了"三峡水库科学调度关键技术研究"第二阶段项目的科技攻关工作。研究成果实现了从单一水库调度向以三峡水库为核心的水库群联合调度的转变、从汛期调度向全年全过程调度的转变，以及从单一防洪调度向防洪、发电、航运、供水、生态、应急等多目标综合调度的转变，解决了水库群联合调度运用面临的跨区域精准调控难度大、一库多用协调要求高、防洪与兴利效益综合优化难等一系列亟待突破的科学问题，为流域水库群长期高效稳定运行与综合效益发挥提供了技术保障和支撑。2020 年三峡工程完成整体竣工验收，其结论是：运行持续保持良好状态，防洪、发电、航运、水资源利用等综合效益全面发挥。

当前，长江经济带和长江大保护战略进入高质量发展新阶段，水库群对国家重大战略和经济社会发展的支撑保障日益凸显。因此，总结提炼、持续创新和优化梯级水库群联合调度理论与方法更为迫切。

为此，"长江流域水库群科学调度丛书"在对"三峡水库科学调度关键技术研究"第二阶段项目系列成果进行总结梳理的基础上，凝练了一批水文预测分析、生态环境模拟和联合优化调度核心技术，形成了与梯级水库群安全运行和多目标综合效益挖掘需求相适应的完备技术体系，有效指导了流域水库群联合调度方案制定，全面提升了以三峡水库为核心的长江流域水库群联合调度管理水平和示范效应。

"十三五"期间，随着乌东德、白鹤滩、两河口等大型水库陆续建成投运和水库群范围的进一步扩大，以及新技术的迅猛发展，新情况、新问题、新需求还将接续出现。为此，需要持续滚动开展系统、精准的流域水库群智慧调度研究，科学制定对策措施，按照"共抓大保护、不搞大开发"和"生态优先、绿色发展"的总体要求，为长江经济带发挥生态效益、经济效益和社会效益提供坚实的保障。

"长江流域水库群科学调度丛书"力求充分、全面、系统地展示"三峡水库科学调度关键技术研究"第二阶段项目的丰硕成果，做到理论研究与实践应用相融合，突出其系统性和专业性。希望该丛书的出版能够促进水利工程学科相关科研成果交流和推广，为同类工程体系的运行和管理提供有益的借鉴，并对水利工程学科未来发展起到积极的推动作用。

中国工程院院士

2023 年 3 月 21 日

前　言

荆南四河是连接荆江与洞庭湖的纽带，包括荆江南岸松滋、太平、藕池、调弦（1958 年封堵）四口及其分流到洞庭湖的河道所组成的复杂河网，荆江三口分流对洞庭湖区的水资源、河湖生态系统安全等均具有重要的影响。

受自然地理条件限制，荆南四河地区的地表水和地下水资源的利用条件不佳，区域可利用水资源主要以过境水资源为主。而荆南四河地区过境水资源主要集中在汛期，枯水期受到河道断流影响，输水、引水、提水等工程难以发挥作用，区域内存在资源性和工程性缺水的问题，对经济社会可持续发展造成严重制约。

随着社会经济的发展，当地对水资源的需求量呈逐年增加的趋势，资源性缺水形势更趋严峻。荆南四河河道断流时间的延长使得水体自净能力下降、水质变差，对区域的水生态和水环境造成不利的影响，区域水质性缺水问题突出。在当前长江经济带"共抓大保护、不搞大开发"的新形势下，如何通过以三峡水库为核心的梯级水库群优化调度，增加枯水期的荆南四河河道流量，减少断流时间，提出相应的适应性对策，改善地区资源性缺水和水质性缺水状况，是迫切需要解决的问题。

在"三峡水库科学调度关键技术研究"第二阶段项目中，设置了"新水沙条件下荆南四河水沙变化及对策"研究专题，本书是对该专题研究成果的凝练与总结，共由 8 章组成。第 1 章主要介绍本书的研究区域（荆南四河）、水系概况、荆南四河水沙现状及疏浚整治，以及本书的主要内容。第 2 章主要介绍荆南四河河势演变及水资源开发利用情况。第 3 章以实测水文资料为基础，分析荆南四河径流量及荆江三口分流分沙情势变化。第 4 章通过实测数据与数值模拟相结合的手段，进行荆南四河洪道冲淤及河势变化预测。第 5 章和第 6 章分别研究人类活动中的水库调度、地形变化对荆南四河水资源量的影响，其中，第 5 章主要研究三峡水库不同运行方式与荆南四河水资源量的响应关系，第 6 章主要研究冲淤变化等要素与荆南四河水资源量的响应关系。第 7 章和第 8 章主要提出相应的应对策略，其中，第 7 章主要研究梯级水库如何通过优化调度缓解对荆南四河水资源量的影响，第 8 章主要研究新水沙条件下荆江三口河道疏浚整治方案产生的影响。

本书共 8 章，其中第 1 章由徐高洪、王海、戴明龙、陈玺撰写，第 2 章由张冬冬、胡挺、陈玺、熊丰撰写，第 3 章由徐高洪、李妍清、邢龙、张冬冬撰写，第 4 章由郭小虎、周曼、朱勇辉、任实撰写，第 5 章由戴明龙、陈玺、高玉磊、张冬冬撰写，第 6 章由李妍清、陈玺、张泽撰写，第 7 章由陈玺、张冬冬撰写，第 8 章由王海、王雪、董亚辰撰写。本书主要内容由徐高洪审定，陈玺具体负责组稿、统稿。

本书的出版得到了中国长江三峡集团有限公司"三峡水库科学调度关键技术研究"第二阶段项目的资助，众多专家学者对书稿提出了宝贵意见，在此一并表示感谢。

由于作者水平有限，书中难免存在疏漏和不足之处，欢迎广大读者批评指正。

作　者

2022 年 10 月

目　录

第1章

绪　　论

　　本章主要介绍荆南四河水系概况、荆南四河水沙现状及疏浚整治情况，概括分析水库群联合调度对荆南四河水资源量的影响特征，从荆江三口洪道冲淤变化规律及趋势、新水沙条件下荆江三口的分流分沙变化规律及趋势、荆南四河水资源长历时演变规律、水库应对荆江三口断流措施与建议、荆江三口口门段整治措施等方面对本书的主要内容进行概述。

1.1　荆南四河概述

荆南四河是连接荆江与洞庭湖的纽带，包括荆江南岸松滋、太平、藕池、调弦（1958 年封堵）四口及其分流到洞庭湖的河道所组成的复杂河网（图 1.1）。荆南四河水系分泄长江径流入洞庭湖，是洞庭湖水资源的重要来源之一。1981～2018 年荆南四河多年平均入洞庭湖水量为 595 亿 m³，占城陵矶出湖总水量的 38.5%。荆南四河水系的水资源量是当地 452 万人的供水水源和 575 万亩（1 亩 ≈ 666.67 m²）农田的灌溉水源，对保障区域的工农业生产和人民生活供水安全具有重要意义。

图 1.1　荆南四河水系示意图

三峡水库蓄水运行后,在上游水库群联合调度条件下,长江上游来水来沙条件发生变化,长江中游将在较长时期内面临"清水"下泄的情况,长江干流河道将发生大范围、长历时的冲刷,导致荆江河段水位进一步降低。荆江与洞庭湖受到河道冲淤的影响,通过荆江三口洪道进入洞庭湖的水量将进一步减少,从而加剧荆南四河的水资源短缺问题,进而带来更深层的水环境、水生态等问题。面对当前的形势,如何通过梯级水库群优化调度来增加枯水期进入洞庭湖的流量,减少荆江断流时间,改善区域水资源短缺问题,是目前需要解决的关键问题。

基于上述背景,为保护荆江三口水系水资源,促进水环境、水生态健康发展并减小荆江及荆江三口水系沿线地区防洪压力,迫切需要对荆江三口水系进行疏浚整治,提高荆江三口分流能力,减少荆江三口淤积。对荆江三口河口段的疏浚整治,既可以扩大汛期过流断面,提高荆江三口分洪能力,缓解防洪压力;也可以配合三峡水库调度补水,增加荆江三口枯水期流量,改善荆江三口水系的断流状况,缓解荆江三口水系水生态、水环境的持续恶化;还有利于维护和提高荆江三口河口段航道等级,改善江湖航运。另外,三峡水库等长江上游干支流水库群联合运用后,长江干流来水过程变化,调洪补枯作用明显,来沙量显著减少,荆江三口分流入湖的泥沙量也大幅度减少,荆江三口(包括河口段)由累积性淤积暂时总体转为冲刷状态,泥沙淤积对疏浚整治的影响减小,这给荆江三口疏浚整治工程的实施创造了良好契机。抓住江湖关系变化的有利时机,因势利导,开展河道扩挖及疏浚整治,可使河口疏浚工程达到事半功倍的效果。

1.2 水系概况

荆南四河水系位于湖北省、湖南省两省交界地带,包括湖南省岳阳市华容县,益阳市南县,常德市澧县、安乡县、津市市部分区域,以及湖北省荆州市石首市、公安县、松滋市部分区域,面积约为 12 050 km^2。荆南四河水系属于典型的平原水网区,区域内有荆江南岸低山丘陵分布,大致形成北高南低、西高东低的趋势,由地势较高的松滋河、虎渡河、藕池河渐次向地势较低的华容河出口过渡,受洪水泛滥、泥沙淤积、水流冲刷切割及人类筑堤围垦等活动的影响,河流总体由北向南、由西向东流动,并受地形影响互相串流,相互交织。松滋西河有西侧的渫水等山溪河流入河,华容河和华洪运河汇集山地来水,其余河流来水大多来自荆江河道分流。结合水资源三级分区和省市的行政区分区,划分荆南四河水系的区域,具体情况见表1.1。

表1.1 荆南四河水系区域组成表

省级	市级	县级	行政面积/km^2	区域面积/km^2
湖北省	荆州市	石首市	1 427	1 427
		公安县	2 257	2 257
		松滋市	2 235	2 178

省级	市级	县级	行政面积/km²	区域面积/km²
湖南省	岳阳市	华容县	1 593	1 593
	益阳市	南县	1 346	1 346
	常德市	澧县	2 075	2 075
		安乡县	1 087	1 087
		津市市	556	87
荆南四河水系区域				12 050

1.2.1　长江干流

荆南四河水系北侧为长江干流荆江河段。荆江河段上起枝城，下迄洞庭湖口的城陵矶，全长 337 km。依河型不同，又以藕池口为界，分为上荆江、下荆江。其中：上荆江长度为 167 km，属微弯型河道；下荆江长度为 170 km，属典型的蜿蜒型河道。荆江贯穿于江汉平原和洞庭湖平原之间，北岸为荆北大平原，南岸为广阔的洞庭湖水网区，南岸有松滋、太平、藕池、调弦四口与洞庭湖相通，经四河水系分泄水沙入洞庭湖。

1.2.2　松滋河

长江干流流经枝城以下约 17 km 的陈二口处，以上百里洲为界分为南、北两汊，其中南汊为支汊。南汊经陈二口至大口，由采穴河与北汊沟通，陈二口至大口河段长度为 22.7 km。松滋河为 1870 年长江大洪水冲开南岸堤防所形成。松滋河在大口分为东、西二支。西支在湖北省内自大口经新江口、狮子口到杨家垱，长度约 82.9 km；从杨家垱进入湖南省后在青龙窖分为官垸河（又称松滋河西支）和自治局河（又称松滋河中支），官垸河自青龙窖经官垸、濠口、彭家港于张九台汇入自治局河，长度约 36.3 km；自治局河自青龙窖经三岔脑、自治局、张九台于小望角与东支汇合，长度约 33.2 km。松滋河东支在湖北省境内自大口经沙道观、中河口、林家厂到新渡口进入湖南省，长度约 87.7 km；松滋河东支在湖南省境内又被称为大湖口河，由新渡口经大湖口、小望角在新开口汇入松虎合流段，长度约 49.5 km，沿岸有安乡县。松虎合流段由新开口经小河口于肖家湾汇入澧水洪道，长度约 21.2 km。松滋河河道总长 310.8 km。

河道间有 7 条串河，分别为：沙道观附近西支与东支之间的串河莲支河，长度约 6 km，东支侧口门已封堵；南平镇附近西支与东支之间的串河苏支河，长度约 10.6 km，自西支向东支分流，近年发展较快，最枯月份松滋河西支新江口流经苏支河入松滋河东支；曹咀垸附近松东河支汊官支河，长度约 23 km，淤积严重；中河口附近东支与虎渡河之间的串河中河口河，长度约 2 km，流向不定；尖刀咀附近东支和西支之间的串河葫芦坝串河（瓦窑河），长度约 5.3 km；官垸河与澧水洪道之间在彭家港、濠口附近的两条串河，长度分别约 6.5 km、14.9 km，是澧水倒流入官垸河的主要通道，官垸河洪水也可经这两条串河流入澧水洪道。7 条串河总长度 68.3 km。

1.2.3 虎渡河

虎渡河长江分流口为太平口，位于沙市区上游约 15 km 处的长江右岸，虎渡河全长约 136.1 km。从太平口流经弥陀寺、里甲口、夹竹园、黄山头节制闸（南闸）、白粉咀、陆家渡，在新开口附近（安乡县以下）与松滋河合流汇入西洞庭湖。1952 年在距太平口下游约 90 km 的黄山头修建了南闸节制闸，该闸为荆江分洪工程的组成部分，1998 年洪水后除险加固，南闸节制闸底板高程为 34.02m。

1.2.4 藕池河

藕池河于荆江藕池口（位于沙市区下游约 72 km 处，由于泥沙淤积的影响，主流进口已上移到约 20 km 处的郑家河头）分泄长江水沙入洞庭湖，水系由 1 条主流和 3 条支流组成，跨越湖北省公安县、石首市和湖南省南县、华容县、安乡县，洪道总长约 359 km。主流即东支，自藕池口经管家铺、团山寺、梅田湖、注滋口入东洞庭湖，全长 101 km，沿岸有南县；西支也称安乡河，从藕池口经康家岗、下柴市与中支汇合，全长 70 km；中支在管家铺以下自东支分流由团山寺经下柴市、厂窖至茅草街汇入南洞庭湖，全长 98 km；沱江自南县至茅草街连通藕池河东支和南洞庭湖，全长 43 km，目前已建闸控制；此外，陈家岭河（全长 20 km）和鲇鱼须河（全长 27 km）分别为中支和东支的分汊河段。

1.2.5 华容河

华容河是由长江调弦口分流入东洞庭湖的河道，过焦山河后进入湖南省华容县，至治河渡分为南、北两支：北支经潘家渡、罐头尖至六门闸入东洞庭湖，北支全长约 60.68 km；南支经护城乡、层山镇至罐头尖与北支汇合，南支全长 24.90 km。1958 年冬调弦口上口封堵并已建灌溉闸控制，闸底板高程 24.50 m，设计引水流量 44 m³/s，华容河入东洞庭湖口处建有六门闸，设计流量 200 m³/s，闸底板高程 23.08 m。此外，从华容河潘家渡起，经毛家渡、尺八嘴至长江下荆江河段洪水港，建有华洪运河，兼顾区域灌溉、排水，运河全长 32 km。

由于调弦口已封堵建闸控制，本书中荆江三口指松滋口、太平口、藕池口。

1.2.6 澧水洪道

澧水洪道自津市市小渡口起，经嘉山、七里湖、石龟山、蒿子港、沙河口，至柳林咀入目平湖，全长 70.25 km。沙河口以上河面宽 1 200～1 900 m，其中深水河槽宽 400 m

左右，沙河口以下河面宽 1 900～3 200 m，为 1954 年后平垸行洪形成的，属宽浅式河道。

小渡口至石龟山为七里湖，是松滋河、澧水洪水交汇和调蓄的场所。澧水发生洪水时，除石龟山下泄和七里湖调蓄外，其余洪水经五里河与松滋河中支汇合后经安乡县下泄，或经松滋河西支倒流后经松滋河东支、中支下泄。松滋河发生洪水时，松滋河中支、西支洪水经五里河入七里湖调蓄后下泄。

受澧水和松滋河分流下泄泥沙的影响，澧水洪道淤积严重，1956～2010 年七里湖最大淤积高度为 12.00 m，平均淤积高度为 4.12 m；目平湖最大淤积高度为 5.40 m，平均淤积高度为 2.00 m。河道淤积一方面减小了调蓄洪水的能力；另一方面抬高了松澧地区的洪水位。

1.3 荆南四河水沙现状及疏浚整治

1.3.1 荆南四河分流分沙演变

松滋口、太平口、藕池口位于长江中游荆江南岸，是长江干流与洞庭湖的水沙连接通道，其分流变化与洞庭湖的防洪、航运、生态及水资源利用等息息相关，是江湖关系调整的动力条件和直观体现，历来备受人们的关注。自 19 世纪 60 年代以来，荆江河段经历了下荆江裁弯、葛洲坝水利枢纽工程截流、三峡水库蓄水等重要的历史变化，长江中游荆江河段水沙条件及输移特征发生了较大变化，荆江三口分流情况相应改变，江湖关系随之调整。荆江三口分流变化过程大致分为 5 个阶段，各个阶段起止时间及代表事件见表 1.2。

表 1.2 荆江三口分流变化过程汇总

阶段	起止时间	代表事件
第 1 阶段	1956～1966 年	下荆江裁弯，自然演变阶段
第 2 阶段	1967～1972 年	下荆江中洲子、上车湾、沙滩子裁弯期
第 3 阶段	1973～1980 年	裁弯后至葛洲坝水利枢纽工程截流前
第 4 阶段	1981～2002 年	葛洲坝水利枢纽工程截流至三峡水库蓄水前
第 5 阶段	2003 年至今	三峡水库蓄水后

三峡水库正常蓄水及其上游干支流一系列梯级水库的建成运行，对长江中游水沙的调控作用进一步增强，荆江三口分流有可能继续变化，势必进一步影响江湖关系。针对这一问题，有关荆江三口分流变化的研究众多：部分研究认为荆江三口洪道淤积萎缩，荆江三口分流减少（王崇浩和韩其为，1997）；部分研究认为荆江三口分流会略有增大（方春明 等，2007）或是维持当前水平（李义天 等，2009；渠庚 等，2007）。事实上，三峡水库蓄水后，除 2006 年特枯水文年外，2005～2009 年荆江三口分流比表现出持续减小的现象，减幅约 3%，然而自 2010 年开始，荆江三口分流比又恢复至 2005 年的水平。许全喜等（2009）指出 20 世纪 50 年代以来，荆江三口分流、分沙呈逐年减小的趋势，其分流、

分沙比由 1956~1966 年的 29%、35%分别减小至 1999~2002 年的 14%、16%,年断流天数也逐渐增多。三峡水库蓄水运行后,荆江三口分流、分沙比分别为 12%、18%,与1981~2002 年相比,尚未发生明显变化。

从三峡水库蓄水后 2003~2009 年的实测资料来看,枝城站中低水位下降幅度均较小,沙市站在 5 000 m³/s 流量级下降幅度约 0.75 m,中高水位下降幅度有限,监利站在城陵矶站出流条件一定的情况下中低水位变化不大,城陵矶站水位也变化不大。以上实测资料说明,在低流量下,沙市站水位有一定程度下降,而上游枝城站,下游监利站、城陵矶站均下降较小,荆江河段中高水位下降幅度均很小。已有的研究成果也证实,三峡水库蓄水以来荆江三口分流洪道冲刷幅度较小(郭小虎 等,2010)。虽然三峡水库调蓄作用将会导致荆江三口分流、分沙在中枯水期发生一定的调整,但荆江三口分流主要集中在汛期,在口门附近干流河道同一水位下降幅度有限且荆江三口分流洪道冲刷幅度也较小,因此近期荆江三口分流、分沙无明显变化趋势。荆江三口分流实际变化与已有研究成果存在一定差异,主要原因在于以往研究对荆江三口分流变化影响因素的分析多从现象出发,因素繁多,包括荆江三口洪道冲淤(殷瑞兰和陈力,2003)、口门附近河势变化(许全喜 等,2009)、干流河道冲淤及水位变化、洞庭湖淤积萎缩等,目前研究中尚缺少对各个因子影响贡献的研究。

近年来,荆江三口洪道及洞庭湖区水沙情势、冲淤演变等已发生较大变化,造成荆南四河河网与洞庭湖区水资源短缺等问题,且随着长江上游控制性水库的陆续蓄水运行,预计进入荆江三口洪道及洞庭湖区的水沙条件将会进一步发生较大改变,将进一步增加对荆江三口洪道及洞庭湖区冲淤演变的影响,进而给荆江三口洪道及洞庭湖区水资源利用、水环境生态及江湖关系的调整等带来影响。以往研究受气候变化、社会需求及人类活动等不确定性因素的影响,所依据的边界条件、背景环境等较实际情况已有所出入。"三峡水库科学调度关键技术研究"第二阶段项目组织开展了新水沙条件下荆南四河水沙变化和对策及荆南四河与洞庭湖区的冲淤演变趋势研究,为当前及未来一定时期内三峡水库优化调度、水库群联合调度、水资源的优化配置、防洪管理与决策、中游河湖治理等提供了科学依据。

1.3.2 水库群调度对荆南四河水资源量的影响

1950 年以来,受到气候变化和人类活动的双重影响,长江中下游江湖关系发生显著变化。洞庭湖区入湖水量受到冲淤变化等影响持续减少,荆南四河除新江口以外均在枯水期出现断流现象,且断流时间有提前的趋势。1956~1966 年,沙道观站不断流,弥陀寺站、管家铺站和康家岗站年平均断流 96 天、93 天和 198 天;1973~1980 年,沙道观站、弥陀寺站、管家铺站和康家岗站年平均断流 151 天、111 天、147 天和 261 天。三峡水库运行前 1981~2002 年,沙道观站、弥陀寺站、管家铺站和康家岗站年平均断流 170 天、154 天、166 天和 246 天。2003~2018 年,荆江三口分流量进一步减少,沙道观站、弥陀寺站、管家铺站和康家岗站年平均断流 173 天、138 天、174 天和 270 天,除弥陀寺站以外,其他站点断流天数均有所增加。

如何通过以三峡水库为核心的梯级水库群优化调度，增加枯水期的荆南四河河道流量，减少断流时间，改善地区资源性缺水和水质性缺水状况，是迫切需要解决的问题。中国长江三峡集团有限公司组织开展了上游水库群建成后荆南四河水资源量变化规律的研究，定量评估上游梯级水库群不同运行调度方式与荆南四河水资源量的响应关系，对探索江湖关系发生变化后的荆南四河水资源、水环境演变机理意义重大，为上游梯级水库群科学制定蓄水、供水等联合调度方案提供依据。

1.3.3　荆南四河疏浚整治

三峡工程作为世界上规模最大的水利枢纽工程，其建设和运行凝结了几代中国水利工作者的心血与智慧。自 20 世纪 50 年代起，水利部长江水利委员会就开始对三峡工程泥沙问题进行观测、分析和研究工作。20 世纪 70~80 年代初，全国多个研究单位与大专院校积极参与了葛洲坝水利枢纽工程泥沙问题研究，为三峡工程的泥沙研究积累了宝贵的经验。"七五"期间，在以往工作基础上，研究者针对三峡工程泥沙问题，系统地开展了原型观测与调查、泥沙数学模型计算和泥沙模型试验研究，得到了深度、广度和精度均能满足可行性研究阶段要求的研究成果。1988 年 2 月，三峡工程论证泥沙专家组经过详细讨论认为：三峡工程可行性研究阶段的泥沙问题已基本了解清楚，是可以妥善解决的。"八五"期间，为配合三峡工程的初步设计与技术设计，长江科学院牵头开展了坝下游泥沙问题的专题研究。"九五"期间，长江科学院、中国水利水电科学研究院、清华大学、武汉大学、水利部长江水利委员会水文局、长江航道局、长江航道规划设计研究院、交通部天津水运工程科学研究所、中央水工试验所等科研单位围绕三峡工程坝下游泥沙问题、江湖关系变化及其治理，运用多种技术手段，开展了大量的研究工作，取得了丰富的研究成果，并出版了多部学术专著。"十五"期间，长江科学院围绕三峡工程蓄水运行后对荆江河段的影响，开展了三峡工程运行初期对荆江河段的影响研究，并提出了荆江河段应急控制工程的可行性研究报告。为了深入研究三峡工程运行后对坝下游河道冲淤变化与分布、江湖关系变化及对坝下游河段的防洪影响与对策措施等，长江科学院投资建设了长江防洪模型，其包括实体模型与数学模型两部分，其中：实体模型范围为长江干流从枝城至螺山河段，洞庭湖区包括荆江三口分流道、东洞庭湖、南洞庭湖、西洞庭湖及湘江、资江（资水）、沅江、澧水四水尾闾；数学模型范围为长江干流从宜昌至大通河段，包括洞庭湖区与鄱阳湖区。

三峡水库修建后，中国长江三峡集团有限公司组织有关部门开展了一系列重大科学技术研究。由于三峡水库修建后，荆江三口水系受长江与洞庭湖江湖关系变化影响最为直接，水量的减少，以及河湖的淤积导致区域内水资源短缺、水环境污染和水生态退化等问题日趋显现，对水资源利用和水生态环境保护产生一定影响。受自然条件变化和人类活动影响，长江中游将在较长时期内面临河道冲刷的情况，荆江河段枯水位将可能进一步降低，荆江三口分流进一步减少、断流时间进一步延长，荆江三口水系地区的水资源和水环境问题更加突出。因此，对荆江三口水系进行综合整治，提高荆江三口分流能力显得尤为迫切。

鉴于荆南四河水系综合整治工程是一个复杂的系统工程，涉及供水、防洪、水生态环境、航运等多目标需求，受生态敏感区、投资、经济等多因素制约，需要对荆江三口口门整治工程的必要性、可行性做进一步深入研究。

1.4 本书主要内容

（1）阐明三峡水库运行后荆江三口洪道冲淤变化规律及趋势。三峡水库蓄水运行以来，荆江三口洪道以冲刷为主。三峡水库蓄水后，2003～2018 年荆江三口洪道总冲刷量为 1.784 5 亿 m^3，其中，在 2003～2011 年和 2011～2016 年荆江三口洪道总冲刷量分别为 0.752 0 亿 m^3 和 0.990 0 亿 m^3（含采砂影响），冲刷主要集中在松滋河，而 2016～2018 年荆江三口洪道总体表现为微冲。荆江三口口门段滩槽形态和深泓位置总体稳定。松滋口口门受到采砂的影响，河床下切幅度较大，岸线冲刷后退；太平口、藕池口附近河段河势变化较小。

（2）明确新水沙条件下荆江三口的分流、分沙变化规律及趋势。三峡水库蓄水运行前，松滋口、太平口、藕池口分流、分沙比减小，藕池口减小幅度较大；三峡水库蓄水运行后，荆江三口分流量有所减小，但分流比减小幅度不大；荆江三口分沙量则大幅度减少，2013～2018 年荆江三口分沙量为 434 万 t，仅为 1999～2002 年荆江三口年均分沙量的 7.6%。三峡水库调蓄引起径流量改变，导致枯水期荆江三口分流量大幅增加，但近期在同一中枯水流量下松滋口分流量呈先略减后略增的现象，太平口、藕池口分流量则均呈先增后减的趋势。

河工模型试验成果表明，新水沙条件下未来 10 年，松滋口口门段整体河势变化不大，岸线及深泓位置总体上基本稳定。干流河段关洲尾—昌门溪河段除局部深槽、冲刷坑发生一定的调整外，松滋口口门段如杨家洲、杨家庵及芦洲等支汊均有不同程度冲刷，横堤村弯道段、碾子湾弯道段及余家渡过渡段主流摆幅较大；长江干流关洲尾—昌门溪河段平均冲深为 0.82 m，松滋口口门段平均冲深为 0.85 m，断面宽深比以减小为主；4 级枝城站典型流量条件下松滋口分流量均略有增加。太平口口门段总体河势格局较为稳定，局部滩、槽冲淤变化较为明显，河槽有冲刷扩展趋势，局部岸段和边滩（滩缘或低滩部位）冲刷后退；太平口口门附近长江干流河段平均冲深约 1.31 m，太平口口门段平均冲深约 0.61 m；随着冲刷的发展，太平口分流能力逐渐减弱。藕池口口门段河床冲淤交替，平滩以下河槽以冲刷为主，总体呈冲刷下切趋势，河势总体变化不大；藕池口口门附近长江干流河段平均冲深为 1.17 m，藕池口口门段平均冲深为 0.18 m；随着冲刷的发展，藕池口分流能力逐渐减弱。

（3）分析荆南四河水资源长历时演变规律，构建荆江—洞庭湖二维水动力学模型，揭示水库调度、河道冲淤与荆南四河水资源量响应规律。荆南四河水系区域 2008～2018 年多年平均水资源总量（不包括过境水资源量）为 82.55 亿 m^3，其中，地表水资源量占水资源总量的 95.5%，地下水资源量占水资源总量的 4.5%。1981～2018 年多年平均过境水资源量为 743.00 亿 m^3，是区域多年平均水资源总量的 9.0 倍。受自然演变及人类活动的影响，荆江三口分流呈显著减少的趋势。1956～1966 年荆江三口年均分流量为 1 331.6 亿 m^3；

1967~1972年下荆江裁弯期间,荆江三口年均分流量为1 021.4亿 m³;1973~1980年下荆江裁弯后,荆江三口年均分流量为834.3亿 m³;1981~2002年葛洲坝水利枢纽工程修建后到三峡水库蓄水前,荆江三口年均分流量为685.3亿 m³;三峡水库蓄水后的2003~2018年,荆江三口年均分流量为481.3亿 m³。在枝城站流量为10 000~50 000 m³/s的条件下,荆江三口分流比均不同程度地减少。相较于1981~2002年,2003~2018年枝城站在10 000 m³/s、20 000 m³/s、30 000 m³/s和40 000 m³/s流量级条件下,荆江三口分流比分别减少了1.8%、2.2%、1.5%和3.3%。

三峡水库蓄水运行后,沙道观站长断流(历时大于60天)天数有所增加,短断流(历时小于等于60天)发生频率明显增加;弥陀寺站长断流天数和频率均有所减少,而短断流天数和频率显著增加;康家岗站和管家铺站长断流天数有所增加,频率基本不变,短断流天数有所增加,频率有所减少。荆南四河水系过境水资源量的年内分配过程出现了一定的变化,表现为枯水期月平均流量有一定的增加,蓄水期(主要是9~11月)月平均流量有一定的减少。月平均流量减少的月份主要有7月、9月、10月和11月,减少的幅度在2.15%~40.67%,其中10月减少的幅度最大;年内其他月份月平均流量有一定的增加,增加的幅度在3.27%~125.12%,增加幅度最大的月份是2月。各个调度方案对松滋河站和虎渡河站流量的影响表现为实际调度实践下最小,初设调度方案影响最大。而受到断流等因素的影响,不同方案对藕池河影响均不显著。

相比1981~2002年、2008~2018年荆南四河年径流量减少了208.7亿 m³,其中:由三峡水库调度引起的径流减少量为25.4亿 m³,占总减少量的12%;河道冲淤引起的径流减少量为157.0亿 m³,占总减少量的75%;其他因素引起的径流减少量为26.3亿 m³,占总减少量的13%。从影响要素所占比重来看,荆南四河水资源量减少的主要因素为河道冲淤变化,水库调度所占比重仅为12%。

(4)提出上游梯级水库应对荆江三口断流措施与建议。在增加下泄补水时间选择,同时不影响蓄水的情况下,推荐在枯水年选择10~12月作为补水时间。在增加下泄总量一致的前提下,波动下泄的效果要优于恒定下泄效果,推荐在水量相同情况下尽早下泄补水。水库增加下泄以推迟荆江三口断流可实施性较差,在非必要条件下,不推荐通过水库补水方法推迟荆江三口各站点的断流。

(5)研究提出合理的荆江三口口门段整治措施。在明确疏浚总体目标及量化疏浚效果指标方面,荆江三口河口疏浚目标明确,为统筹协调水资源、防洪、航运和水生态等方面的需求,河口段疏浚的总目标是在保障防洪安全的前提下,尽量提高荆江三口分流能力,增加枯水期分流量,延长枯水期通流时间,改善通航条件。提出全年通流保证率等指标,新水沙条件下,三峡水库175 m试验性蓄水后,枝城站历年最小流量在6 000 m³/s左右,该流量级对应的枝城站流量累计频率达97%,可将荆江三口河口疏浚的设计枯水流量选定为6 000 m³/s,河口疏浚后,荆江三口若在此流量级下实现通流,即全年通流保证率 $P \geq 97\%$,可以认为荆江三口河道达到全年通流条件。

在河口段疏浚整治方案比选方面,结合长江设计集团有限公司的前期研究成果,可将设计水平年选定为2033年,从而得到对应设计枯水流量的荆江三口口门设计枯水水位。结合拟定的设计通航等级及拟定的通航水深,并考虑荆江三口河道横纵剖面形态确定设计疏浚基准线、底宽、边坡等参数,最终提出荆江三口口门段疏浚比选方案。

第2章

荆南四河河势演变及水资源开发利用

　　受气候变化和上游梯级水库调蓄影响，荆南四河分流、分沙情势的改变，可能会引起河势调整和水资源变化。本章主要分析三峡水库蓄水运行前后荆江三口洪道冲淤时空变化，荆江三口口门段河势变化，荆南四河水资源及开发利用等内容，重点分析荆江三口口门段及附近干流河道的深泓摆动、洲滩演变及典型横断面等变化特性，为读者展现荆南四河河势演变和水资源开发利用总体特征。

2.1　荆江三口洪道冲淤变化

2.1.1　河床冲淤变化

依据 1995 年、2003 年、2011 年、2017 年荆江三口洪道 1 : 5 000 水道地形切割断面及 2016 年、2018 年固定断面资料，利用断面法进行冲淤计算。计算选取 3 条水面线：第 1 条水面线（洪水河床）比荆江三口进口控制站 1998 年最高洪水位低 1 m；第 2 条水面线低于第 1 条水面线 3～4 m；第 3 条水面线低于第 2 条水面线 3 m。水面线的选用与 1952～1995 年冲淤计算基本一致。水面比降按不同的河段取值，介于 1.5×10^{-5}～3.0×10^{-5}。冲淤计算成果见表 2.1～表 2.5 及图 2.1～图 2.3。

表 2.1　松滋口口门冲淤量及采砂量推算　　　　　（单位：万 m³）

河段	间距/m	冲淤及采砂总量		冲淤量	采砂量
		2011～2012 年	2011～2016 年	2011～2016 年	2011～2016 年
松 03～松 07	2 408	−16	−796	−80	−716
松 03～松 8	11 415	—	−3 033	−379	−2 654

表 2.2　荆江三口洪道冲淤量变化表（洪水）　　　　　（单位：万 m³）

河名	河段范围	河长/km	1995～2003 年	2003～2011 年	2011～2016 年	2016～2017 年	2017～2018 年	2003～2018 年	1995～2018 年
松滋口口门段	松滋口—大口	24.0	−402	−750	−3 308	123	−268	−4 203	−4 605
采穴河	大口—杨家垴	18.2	−44	19	−69	22	−44	−72	−116
松滋河西支	大口—莲子河	26.2	213	−385	−402	76	−107	−818	−605
	莲子河—苏支河	18.3	143	−222	−623	83	57	−705	−562
	苏支河—瓦窑河	32.2	332	−317	−419	54	−80	−762	−430
	瓦窑河—张九台	38.5	−344	−292	−276	19	18	−531	−875
	合计	115.2	344	−1 216	−1 720	232	−112	−2 816	−2 472
松滋河中支	青龙窖—小望角	31.4	316	−261	−398	−6	−73	−738	−422
莲子河		4.9	20	3	7	0	0	10	30
苏支河		10.0	42	−98	−135	54	−9	−188	−146
松滋河东支	大口—莲子河	19.4	189	−232	−83	−29	14	−330	−141
	莲子河—中河口	38.3	150	−497	−117	−40	65	−589	−439
	瓦窑河	27.2	−183	−138	−159	−20	−4	−321	−504
	官支河	23.3	203	−227	−4	9	−1	−223	−20
	中河口—小望角	41.1	−287	−124	−324	−160	−73	−681	−968

续表

河名	河段范围	河长/km	1995～2003 年	2003～2011 年	2011～2016 年	2016～2017 年	2017～2018 年	2003～2018 年	1995～2018 年
	合计	149.3	72	-1 218	-687	-240	1	-2 144	-2 072
松滋河合计		353.0	348	-3 521	-6 310	185	-505	-10 151	-9 803
虎渡河	口门段	8.2	191	-270	18	-26	-18	-296	-105
	弥市—中河口	41.9	121	-269	-333	-98	41	-659	-538
	中河口—南闸	40.3	679	-669	-439	-32	46	-1 094	-415
	南闸—董家垱	14.7	87	-1	-5	9	-11	-8	79
	董家垱—安乡	29.3	239	-284	213	9	3	-59	180
	合计	134.4	1 317	-1 493	-546	-138	61	-2 116	-799
松虎洪道	新开口—肖家湾	36.0	-95	-737	-762	143	-219	-1 575	-1 670
藕池口口门段	口门段	16.6	-54	-227	-215	-49	50	-441	-495
藕池河东支	管家铺—殷家洲	21.2	436	-492	-323	-130	-36	-981	-545
	鲇鱼须河	29.8	214	-154	-211	35	9	-321	-107
	注滋河	41.4	287	-90	-1	204	11	124	411
	梅田湖河	26.2	514	-247	-375	-56	21	-657	-143
	沱江	41.4	-335	-89	0	0	0	-89	-424
	合计	160.0	1 116	-1 072	-910	53	5	-1 924	-808
藕池河中支	黄金闸——姓湖	16.3	208	-186	-28	-11	32	-193	15
	团山河	19.2	357	-84	33	-11	6	-56	301
	一姓湖—五四河坝	20.7	365	-50	115	-9	26	82	447
	五四河坝—下柴市	17.5	259	-242	-366	31	-1	-578	-319
	下柴市—茅草街	18.3	371	10	-98	-18	-3	-109	262
	合计	92.0	1 560	-552	-344	-18	60	-854	706
藕池河西支	藕池—下柴市	72.0	484	-470	-417	26	-51	-912	-428
藕池河合计		340.6	3 106	-2 321	-1 886	12	64	-4 131	-1 025
荆江三口合计		864.0	4 676	-8 072	-9 504	202	-599	-17 973	-13 297

表 2.3　荆江三口洪道冲淤量变化表（平滩）　　　（单位：万 m³）

河名	河段范围	河长/km	1995～2003 年	2003～2011 年	2011～2016 年	2016～2017 年	2017～2018 年	2003～2018 年	1995～2018 年
松滋口口门段	松滋口—大口	24.0	-522	-501	-3 397	127	-280	-4 051	-4 573
采穴河	大口—杨家垴	18.2	-62	6	-139	23	-58	-168	-230
松滋河西支	大口—莲子河	26.2	125	-317	-629	83	-113	-976	-851
	莲子河—苏支河	18.3	217	-92	-903	98	33	-864	-647
	苏支河—瓦窑河	32.2	237	-275	-505	79	-110	-811	-574
	瓦窑河—张九台	38.5	-363	-234	-247	23	18	-440	-803
	合计	115.2	216	-918	-2 284	283	-172	-3 091	-2 875
松滋河中支	青龙窖—小望角	31.4	274	-313	-313	-6	-75	-707	-433
莲子河		4.9	-24	3	3	0	0	6	-18
苏支河		10.0	1	-60	-142	58	-14	-158	-157
松滋河东支	大口—莲子河	19.4	102	-116	-172	-38	10	-316	-214
	莲子河—中河口	38.3	104	-341	-113	-39	58	-435	-331
	瓦窑河	27.2	-249	-71	-135	-19	-5	-230	-479
	官支河	23.3	135	-119	-23	6	6	-130	5
	中河口—小望角	41.1	-115	-108	-133	-158	-66	-465	-580
	合计	149.3	-23	-755	-576	-248	3	-1 576	-1 599
松滋河合计		353.0	-140	-2 538	-6 848	237	-596	-9 745	-9 885
虎渡河	口门段	8.2	133	-137	-19	-23	-21	-200	-67
	弥市—中河口	41.9	75	-166	-250	-105	26	-495	-420
	中河口—南闸	40.3	89	-389	-155	-53	38	-559	-470
	南闸—董家垱	14.7	49	-21	-106	9	-11	-129	-80
	董家垱—安乡	29.3	178	-272	109	8	3	-152	26
	合计	134.4	524	-985	-421	-164	35	-1 535	-1 011
松虎洪道	新开口—肖家湾	36.0	-84	-715	-1 062	145	-220	-1 852	-1 936
藕池口口门段	口门段	16.6	96	-226	-215	-53	44	-450	-354
藕池河东支	管家铺—殷家洲	21.2	55	-33	-326	-37	-27	-423	-368
	鲇鱼须河	29.8	122	-37	-167	76	4	-124	-2
	注滋河	41.4	230	-91	-70	79	15	-67	163
	梅田湖河	26.2	291	-194	-275	-56	20	-505	-214
	沱江	41.4	-207	-119	0	0	0	-119	-326

续表

河名	河段范围	河长/km	1995～2003 年	2003～2011 年	2011～2016 年	2016～2017 年	2017～2018 年	2003～2018 年	1995～2018 年
	合计	160.0	491	−474	−838	62	12	−1 238	−747
藕池河中支	黄金闸——姓湖	16.3	3	−33	−50	−7	25	−65	−62
	团山河	19.2	271	−70	−19	−11	5	−95	176
	一姓湖—五四河坝	20.7	125	−32	155	−8	26	141	266
	五四河坝—下柴市	17.5	320	−245	−296	31	−2	−512	−192
	下柴市—茅草街	18.3	304	63	−185	−18	−4	−144	160
	合计	92.0	1 023	−317	−395	−13	50	−675	348
藕池河西支	藕池—下柴市	72.0	406	294	−530	25	−58	−857	−451
藕池河合计		340.6	2 016	−1 311	−1 978	21	48	−3 220	−1 204
荆江三口合计		864.0	2 316	−5 549	−10 309	239	−733	−16 352	−14 036

表 2.4　荆江三口洪道冲淤量变化表（枯水）　　　　（单位：万 m³）

河名	河段范围	河长/km	1995～2003 年	2003～2011 年	2011～2016 年	2016～2017 年	2017～2018 年	2003～2018 年	1995～2018 年
松滋口口门段	松滋口—大口	24.0	−239	−293	−3 154	163	−205	−3 489	−3 728
采穴河	大口—杨家垴	18.2	−58	6	−133	23	−63	−167	−225
松滋河西支	大口—莲子河	26.2	−44	−223	−515	84	−97	−751	−795
	莲子河—苏支河	18.3	172	−28	−626	83	32	−539	−367
	苏支河—瓦窑河	32.2	108	−77	−489	96	−133	−603	−495
	瓦窑河—张九台	38.5	−197	−115	−263	37	−1	−342	−539
	合计	115.2	39	−443	−1 893	300	−199	−2 235	−2 196
松滋河中支	青龙窖—小望角	31.4	281	−221	−356	−2	−80	−659	−378
莲子河		4.9	−30	5	−14	0	0	−9	−39
苏支河		10.0	10	−46	−147	31	13	−149	−139
松滋河东支	大口—莲子河	19.4	73	−93	−165	−30	8	−280	−207
	莲子河—中河口	38.3	88	−288	−107	−39	51	−383	−295
	瓦窑河	27.2	−146	−15	−87	−17	−6	−125	−271
	官支河	23.3	103	−79	−23	4	1	−97	6
	中河口—小望角	41.1	−115	−75	−55	−158	−62	−350	−465

续表

河名	河段范围	河长/km	1995～2003 年	2003～2011 年	2011～2016 年	2016～2017 年	2017～2018 年	2003～2018 年	1995～2018 年
	合计	149.3	3	-550	-437	-240	-8	-1 235	-1 232
松滋河合计		353.0	6	-1 542	-6 134	275	-542	-7 943	-7 937
虎渡河	口门段	8.2	46	-89	-32	-22	-19	-162	-116
	弥市—中河口	41.9	55	-92	-116	-116	20	-304	-249
	中河口—南闸	40.3	-141	-66	-33	-70	39	-130	-271
	南闸—董家垱	14.7	10	-17	-86	14	-11	-100	-90
	董家垱—安乡	29.3	80	-199	33	16	-7	-157	-77
	合计	134.4	50	-463	-234	-178	22	-853	-803
松虎洪道	新开口—肖家湾	36.0	-164	-604	-901	150	-215	-1 570	-1 734
藕池口口门段	口门段	16.6	8	-135	-201	-58	33	-361	-353
藕池河东支	管家铺—殷家洲	21.2	-56	-20	-358	-34	-29	-441	-497
	鲇鱼须河	29.8	-11	8	-152	53	3	-88	-99
	注滋河	41.4	-123	37	-115	25	8	-45	-168
	梅田湖河	26.2	62	-169	-202	-62	17	-416	-354
	沱江	41.4	-178	-52	0	0	0	-52	-230
	合计	160.0	-306	-196	-827	-18	-1	-1 042	-1 348
藕池河中支	黄金闸—一姓湖	16.3	-86	-5	-44	-8	15	-42	-128
	团山河	19.2	94	-26	-19	-10	3	-52	42
	一姓湖—五四河坝	20.7	-31	-59	-1	-4	11	-53	-84
	五四河坝—下柴市	17.5	109	-43	-135	30	-5	-153	-44
	下柴市—茅草街	18.3	57	57	-91	-14	10	-38	19
	合计	92.0	143	-76	-290	-6	34	-338	-195
藕池河西支	藕池—下柴市	72.0	295	-263	-394	23	-73	-707	-412
藕池河合计		340.6	140	-670	-1 712	-59	-7	-2 448	-2 308
荆江三口合计		864.0	32	-3 279	-8 981	188	-742	-12 814	-12 782

表 2.5　荆江三口洪道冲淤量分时段比较（洪水）

项目	时段	松滋河	虎渡河	藕池河	松虎洪道	荆江三口总计
总冲淤量 /万 m³	1952～1995 年	16 745	7 080	28 689	4 424	56 938
	1995～2003 年	348	1 317	3 106	−95	4 676
	2003～2011 年	−3 521	−1 493	−1 769	−737	−7 520
	2011～2016 年	−6 671	−546	−1 886	−762	−9 865
	2016～2017 年	185	−138	12	143	202
	2017～2018 年	−505	61	1	−219	−662
年均冲淤量 /（万 m³/a）	1952～1995 年	389	165	667	103	1 324
	1995～2003 年	44	165	388	−12	585
	2003～2011 年	−346	−187	−221	−187	−941
	2011～2016 年	−1 334	−109	−377	−152	−1972
	2016～2017 年	185	−138	12	143	202
	2017～2018 年	−505	61	1	−219	−662
年均冲淤强度 /[万 m³/（km·a）]	1952～1995 年	1.102	1.228	1.958	2.861	1.532
	1995～2003 年	0.125	1.228	1.139	−0.333	0.677
	2003～2011 年	−0.980	−1.391	−0.649	−5.194	−1.088
	2011～2016 年	−3.779	−0.811	−1.107	−4.222	−2.284
	2016～2017 年	0.524	−1.027	0.035	3.972	0.234
	2017～2018 年	−1.431	0.454	0.003	−6.083	−0.766

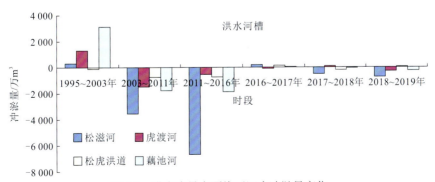

图 2.1　洪水流量水面线下河床冲淤量变化

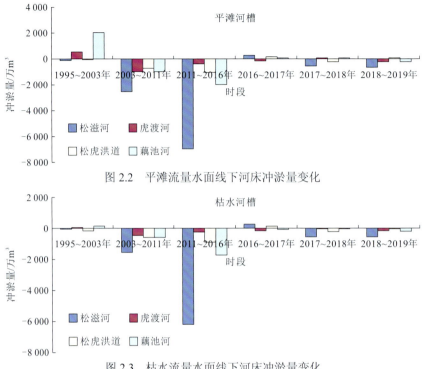

图 2.2　平滩流量水面线下河床冲淤量变化

图 2.3　枯水流量水面线下河床冲淤量变化

1. 分时段冲淤变化

1952～1995 年荆江三口洪道泥沙总淤积量为 56 938 万 m³。其中：松滋河淤积量为 16 745 万 m³，约占荆江三口洪道泥沙总淤积量的 29.4%；虎渡河淤积量为 7 080 万 m³，约占荆江三口洪道泥沙总淤积量的 12.4%；藕池河淤积量为 28 689 万 m³，约占荆江三口洪道泥沙总淤积量的 50.4%；松虎洪道淤积量为 4 424 万 m³，约占荆江三口洪道泥沙总淤积量的 7.8%。

1995～2003 年，荆江三口洪道枯水位以下河床冲淤基本平衡，泥沙淤积主要集中在中、高水河床，总淤积量为 4 676 万 m³。其中：藕池河淤积量最大，淤积量为 3 106 万 m³，占总淤积量的 66.4%，淤积强度为 1.139 万 m³/（km·a）；虎渡河淤积量次之，淤积量为 1 317 万 m³，占总淤积量的 28.2%，淤积强度最大，达 1.228 万 m³/（km·a）；松滋河淤积量相对较小，淤积量为 348 万 m³，仅占总淤积量的 7.4%，淤积强度为 0.125 万 m³/（km·a）；松虎洪道略有冲刷，冲刷量为 95 万 m³。

2003～2018 年，荆江三口洪道总冲刷量为 17 845 万 m³。其中：松滋河总冲刷量为 10 512 万 m³，占荆江三口洪道总冲刷量 58.9%；虎渡河冲刷量为 2 116 万 m³，占荆江三口洪道总冲刷量的 11.9%；藕池河总冲刷量为 3 642 万 m³，占荆江三口洪道总冲刷量的 20.4%；松虎洪道冲刷量为 1 575 万 m³，占荆江三口洪道总冲刷量的 8.8%。

2003～2011 年，荆江三口洪道总冲刷量为 7 520 万 m³。其中：松滋河冲刷量为 3 521 万 m³，占荆江三口洪道总冲刷量的 46.8%；虎渡河冲刷量为 1 493 万 m³，占荆江三口洪道总冲刷量的 19.9%；藕池河冲刷量为 1 769 万 m³，占荆江三口洪道总冲刷量的

23.5%；松虎洪道冲刷量为 737 万 m³，占荆江三口洪道总冲刷量的 9.8%。

2011～2016 年，荆江三口洪道表现为冲刷，总冲刷量为 9 865 万 m³。其中：松滋河冲刷量为 6 671 万 m³，约占荆江三口洪道总冲刷量的 67.6%；藕池河冲刷次之，冲刷量为 1 886 万 m³，约占荆江三口洪道总冲刷量的 19.1%；虎渡河冲刷量较小，为 546 万 m³，约占荆江三口洪道总冲刷量的 5.5%；松虎洪道冲刷量为 762 万 m³，约占荆江三口洪道总冲刷的 7.7%。

2011～2016 年松滋口口门采砂影响分析：松滋口口门段大量采砂从 2013 年后开始，2011～2012 年松滋口口门断面冲淤量变化较小，由于松滋口口门松 03 断面、松 07 断面数据相对较多，依据 2011～2012 年松 03～松 07 断面的冲淤量推算 2011～2016 年冲淤量，再根据断面间距推算松 03～松 8 断面在 2011～2016 年的冲淤量。松 03～松 8 断面在 2011～2016 年推算的冲淤量为 379 万 m³，采砂量为 2 654 万 m³。

2016～2017 年，荆江三口洪道总体表现为微淤，总淤积量为 202 万 m³。其中：松滋河淤积量为 185 万 m³；藕池河总体表现为泥沙冲淤平衡，淤积量仅为 12 万 m³，约占荆江三口洪道总淤积量的 5.9%；虎渡河表现为冲刷，冲刷量为 138 万 m³；松虎洪道表现为微淤，淤积量为 143 万 m³。

2017～2018 年，荆江三口洪道总体表现为微冲，总冲刷量为 662 万 m³。其中：松滋河冲刷量为 505 万 m³；虎渡河表现微淤，淤积量为 61 万 m³；藕池河总体表现为泥沙冲淤平衡，淤积量为 1 万 m³；松虎洪道表现为微冲，冲刷量为 219 万 m³。

2. 冲淤量沿程分布

荆江三口洪道在三峡水库蓄水后发生普遍冲刷，冲刷的沿程分布主要表现为：松滋河水系冲刷主要集中在松滋口口门段及松西河。松滋河水系的松东河及其他支汊冲淤变化较小。虎渡河冲刷主要集中在弥陀寺至南闸河段，下游河段冲淤变化很小，冲刷的时段主要集中在 2003～2016 年。松虎洪道表现为较强的冲刷，2003～2016 年冲刷量较大。藕池河在三峡水库蓄水运行后冲淤变化较小，除沱江受建闸控制，松滋河在 2003～2018 年表现为淤积，藕池河中支的一姓湖至五四河坝河段为微淤，其他河段均发生不同程度冲刷，其中 2011～2016 年冲刷强度最大。

三峡水库蓄水运行以来，荆江三口口门段主要变化如下。①松滋口口门段：三峡水库蓄水前后时段均表现为冲刷，蓄水后为大幅冲刷。其中,进口段在 2011～2016 年受人类采砂活动影响，断面大幅下切（图 2.1～图 2.3），2011～2016 年松 03～松 8 断面采砂量约为 2 654 万 m³，若忽略采砂影响，2011～2016 年松滋口口门段冲刷量约 644 万 m³。2016～2017 年松滋口口门段表现为微淤，淤积量为 123 万 m³。2017～2018 年松滋口口门段表现为冲刷，冲刷量为 268 万 m³。②太平口口门段：在 2003～2011 年表现为较强冲刷，冲刷量为 270 万 m³；2011～2016 年表现为微淤，淤积量为 18 万 m³；2016～2017 年太平口口门段表现为微冲；2017～2018 年太平口口门段表现为微冲，冲刷量为 18 万 m³。③藕池口口门段：蓄水后 2003～2018 年总体表现为冲刷，冲刷量为 441 万 m³；2016～2017 年表现为微冲，冲刷量为 49 万 m³；2017～2018 年表现为微淤，淤积量为 50 万 m³。

2.1.2　典型断面变化

1. 松滋河

进口段断面较宽，形态多为不规则的"W"形或"U"形，见图2.4～图2.8。三峡水库蓄水前，进口上段（松03断面、松07断面、松3断面、松11断面）右岸岸坡受山脚边界的影响其变化较小，断面左侧深槽、岸滩冲淤交替，断面在横向上总体呈扩展态势，三峡水库蓄水后，断面深槽冲刷下切，尤其是进口口门受到采砂的影响，松03断面、松07断面、松3断面在2011～2016年时段大幅下切；下段断面（松11断面）横向扩展，尤其是近岸向两边扩展，纵向冲深幅度较小。2016～2018年进口上段断面冲淤变化很小，总体上主槽略有淤积。

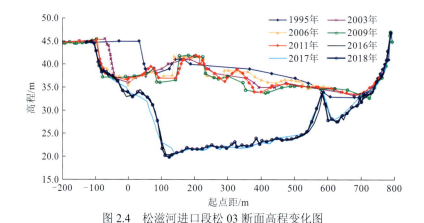

图2.4　松滋河进口段松03断面高程变化图

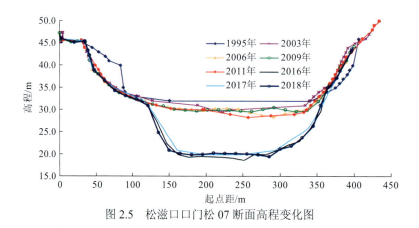

图2.5　松滋口口门松07断面高程变化图

松滋河东支，断面形态多呈现为"U"形或偏"V"形，以松102断面、沙道观断面、松150断面为例（图2.9～图2.11）。1995～2003年岸滩受1998年洪水的影响以淤积为主，2003～2016年断面冲淤交替，断面主槽向两侧扩展，沙道观断面在2011～2016年冲刷下切。2016～2018年松滋河东支典型断面冲淤变化较小，主槽表现为略有冲刷。

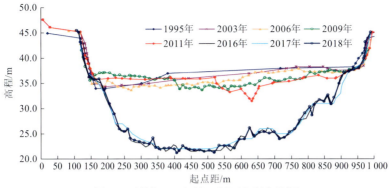

图 2.6　松滋口口门松 3 断面高程变化图

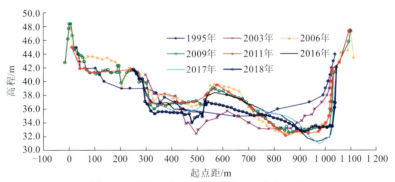

图 2.7　松滋河进口段松 8 断面高程变化图

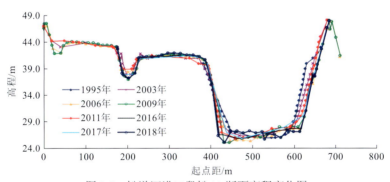

图 2.8　松滋河进口段松 11 断面高程变化图

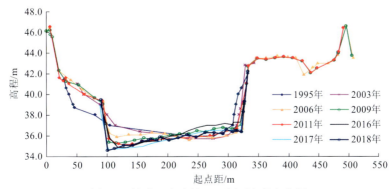

图 2.9　松滋河东支松 102 断面高程变化图

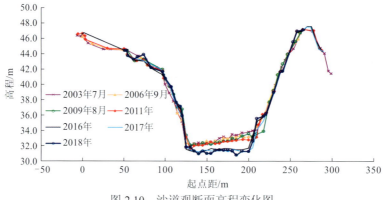

图 2.10　沙道观断面高程变化图

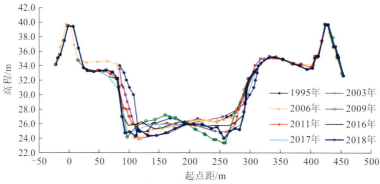

图 2.11　松滋河东支松 150 断面高程变化图

松滋河西支，断面形态多为"U"形或不规则的"W"形，以松 21 断面、新江口断面、松 59 断面为例，近年变化分别见图2.12～图2.14。不规则的"W"形冲淤变化表现为较低岸滩的淤积（松 59 断面），"U"形断面主要表现为近岸岸坡的冲刷后退，深槽有冲有淤，冲淤变化较小。

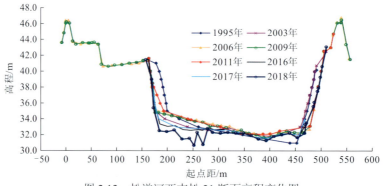

图 2.12　松滋河西支松 21 断面高程变化图

尾闾段，断面多为不规则的"W"形，以松 75 断面、松 92 断面为例（图 2.15、图 2.16）。2003～2011 年，断面的变化表现为主河槽的横向扩展及支汊的淤积，断面冲深幅度较小；2011～2016 年，断面主要表现为深槽横向扩展；2016～2018 年断面冲淤变化很小。

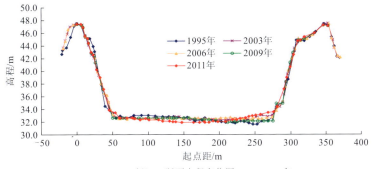

（a）新江口断面高程变化图(1995~2011年)

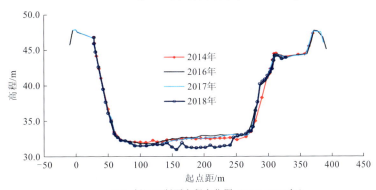

（b）新江口断面高程变化图（2014~2018年）

图 2.13　新江口断面冲淤变化图

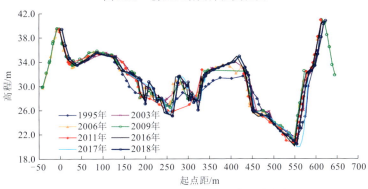

图 2.14　松滋河西支松 59 断面高程变化图

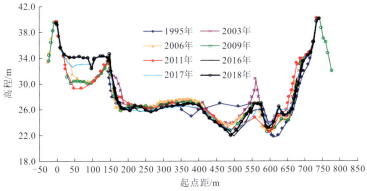

图 2.15　松滋河尾闾松 75 断面高程变化图

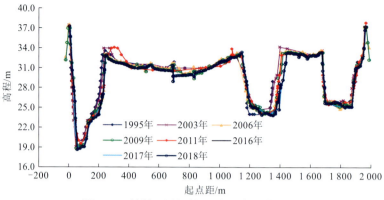

图 2.16　松滋河尾闾松 92 断面高程变化图

2. 虎渡河

形态多呈现偏"U"形或偏"V"形，以虎 1 断面、虎 14 断面、虎 24 断面、虎 32 断面、虎 36 断面 5 个断面为例（图 2.17～图 2.21）。断面变化主要表现为：进口断面在蓄水前表现为大幅淤积；三峡水库蓄水后断面向冲刷扩展，但冲刷幅度较小，2016～2018 年断面略有冲刷。

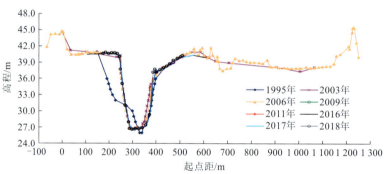

图 2.17　虎渡河虎 1 断面高程变化图

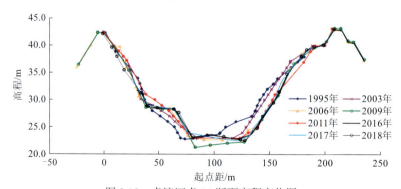

图 2.18　虎渡河虎 14 断面高程变化图

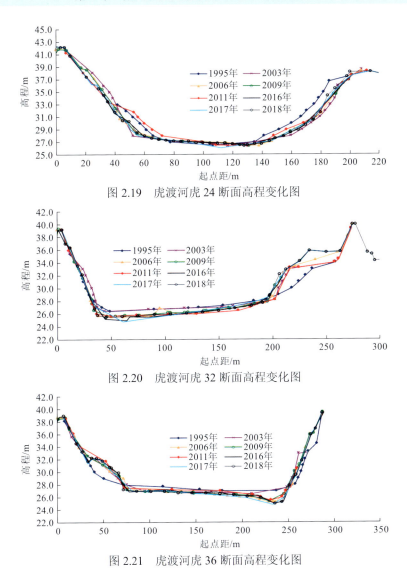

图 2.19　虎渡河虎 24 断面高程变化图

图 2.20　虎渡河虎 32 断面高程变化图

图 2.21　虎渡河虎 36 断面高程变化图

3. 藕池河

进口段以荆 86+1 断面、藕 04 断面为例，断面形态为不规则的"W"形，近年变化分别见图 2.22 及图 2.23。断面变化主要表现为：受 1998 年洪水影响，1995～2003 年岸滩淤积；三峡水库蓄水后进口段表现为冲刷，冲刷幅度较小；2016～2017 年口门段典型断面冲淤变化较小，部分断面表现为微冲。

藕池河东支以藕 05 断面、藕 51 断面为例；藕池河中支以藕 08 断面、藕 12 断面、藕 28 断面为例；藕池河西支以藕 30 断面、藕 34 断面、藕 92 断面为例，上述断面近年变化分别见图 2.24～图 2.31。断面变化主要表现为：1995～2003 年受 1998 年洪水的影响，高滩发生较严重淤积；2003 年后断面主槽向窄深方向发展，形态由"V"形逐渐转化为"U"形；安乡河进口段（藕 92 断面）在 2011～2016 年主槽有所淤积；2016～2018 年典型断面冲淤变化很小。

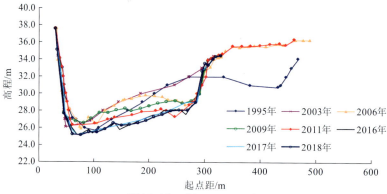

图 2.22　藕池河进口荆 86+1 断面高程变化图

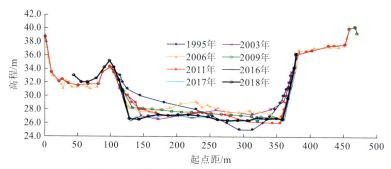

图 2.23　藕池河进口藕 04 断面高程变化图

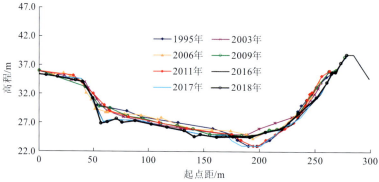

图 2.24　藕池河东支藕 05 断面高程变化图

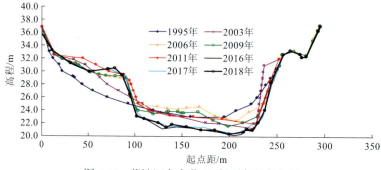

图 2.25　藕池河东支藕 51 断面高程变化图

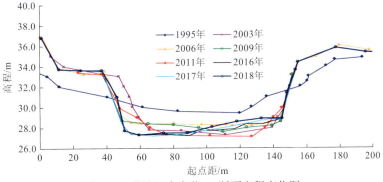

图 2.26　藕池河中支藕 08 断面高程变化图

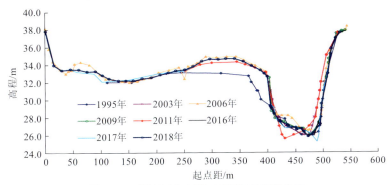

图 2.27　藕池河中支藕 12 断面高程变化图

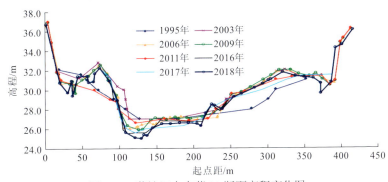

图 2.28　藕池河中支藕 28 断面高程变化图

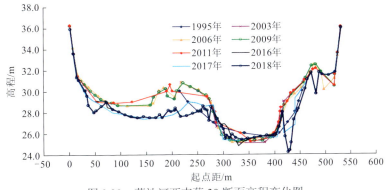

图 2.29　藕池河西支藕 30 断面高程变化图

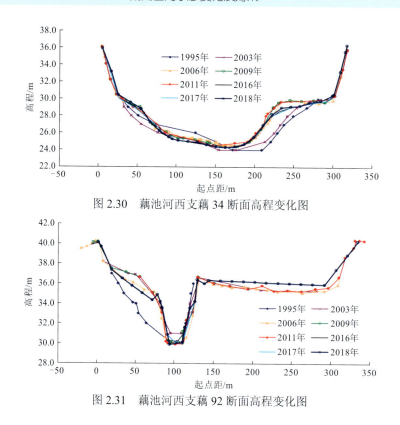

图 2.30　藕池河西支藕 34 断面高程变化图

图 2.31　藕池河西支藕 92 断面高程变化图

2.2　荆江三口口门段河势变化

松滋口口门段：松滋河口至大口（松 03+1～松 12 断面），长度约 24 km。太平口口门段：虎渡河口至弥陀寺（虎 1～弥陀寺断面），长度约 7 km。藕池口口门段：藕池河口至南口（荆 86+1～藕 04 断面），长度约 11.2 km。

2.2.1　岸线变化

1. 松滋口口门段

松滋口口门段 40 m 等高线的岸线平面变化见图 2.32。

岸线变化显著的主要是口门进口处。松滋河进口口门左岸岸线持续崩退，2003～2016 年，40 m 等高线岸线累计最大崩退约 250 m，位于松 03 断面下游约 500 m 处。进口口门处长江干流右岸及口门左岸 2015 年后实施岸坡护坡，2016 年岸线已稳定。口门进口下游约 6 km 处，杨家洲的洲头左缘，长度约 1 km，2003 年以来呈持续冲刷趋势。距离口门约 19 km 的冯口附近（松 01-1～松 11-1 断面），岸线 2016 年淤积，呈长度约 1 400 m，宽度约 110 m 的滩地。其他地段岸线相对稳定。2018 年岸线基本稳定，仅距离口门约 17 km 处的指南村附近（松 10～松 10-1 断面），岸线呈长度 400 m，宽度 50 m 的冲刷带，边滩即将与河岸分离形成离岸洲滩。

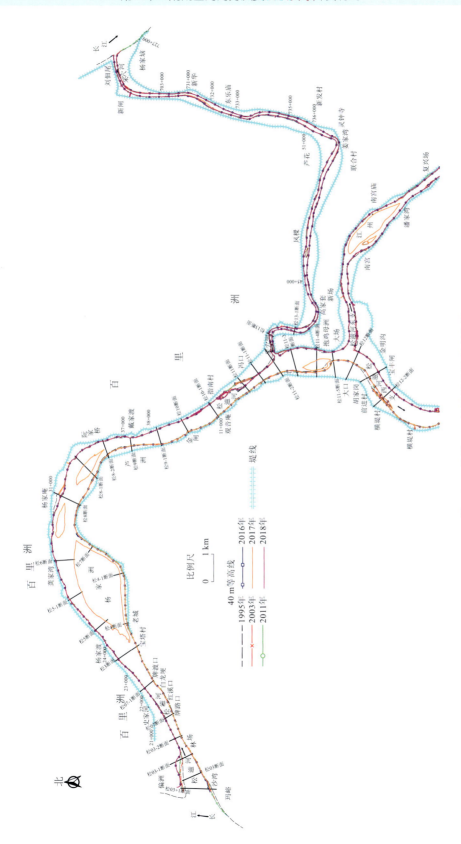

图 2.32　松滋口口门段岸线平面变化图

2. 太平口口门段

太平口口门段岸线年际变化见图 2.33，以 35 m 等高线为例，太平口口门至弥陀寺段岸线总体基本稳定，局部段略有变化。2016 年太平口口门段虎 1 断面下游约 800 m 处的右岸，有长度约 150 m、宽度约 100 m 的崩窝；太平口口门往下虎 1+1～虎 2+1 断面有长度约 3 km 的河段，随着深泓的摆动，上游右岸呈淤积趋势，下游左岸呈冲刷趋势，2003～2016 年最大崩退约 100 m。相较于 2017 年，2018 年岸线相对稳定，变化不明显。

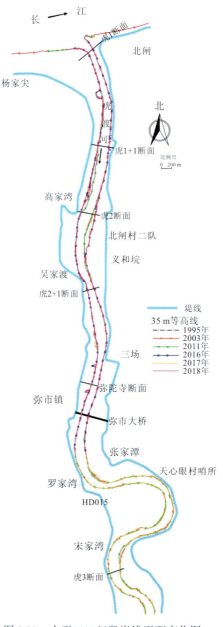

图 2.33　太平口口门段岸线平面变化图

3. 藕池口口门段

藕池口口门段岸线平面变化见图 2.34，以 35 m 等高线为例，藕池口口门进口段岸线变化相对较大。藕池口口门进口处左岸（干流右岸分流处荆 86+2 断面附近）岸线淤积比较明显，2003 年以来，35 m 等高线总体呈现淤积，岸线向上游进口及河中大幅延伸，淤积主要发生在 2003～2011 年，2003～2011 年岸线上延最大可达 580 m。2003～2016 年，其他地段局部荆 86-1 断面、藕 01-1 断面、藕 03-1 断面左岸，藕 04-1 断面右岸等处总体呈现淤积，而藕 02 断面下游右岸出现冲刷。

2018 年相对 2017 年，荆 86+1 断面右岸附近（口门下游约 3.4 km）略有淤积。

2.2.2　深泓平面变化

1. 松滋口口门段

松滋口口门段深泓线平面变化见图 2.35。2003 年以来，松滋口口门段靠近进口段、杨家洲分汊段及分汊段上游过渡段深泓摆动相对较大，戴家渡下游顺直微弯段深泓走向多年来相对稳定。口门进口处随着左岸的大幅崩退，深泓大幅左移，2011～2016 年最大位移约 500 m（位于松 03 断面下游约 300 m 处）。至林场附近，深泓居中相对稳定；至牌路口过渡段深泓由 2003 年的顺左岸逐渐右摆居中；至宝塔村分汊处附近摆幅最大达 300 m。杨家洲分汊段主泓多年来走左汊，左汊深泓摆幅较大。下游两洲滩分汊段深泓不稳定、两汊左右摆动较大。分汊段三洲滩洲头均有所冲刷。相较于 2017 年，2018 年口门进口段、分汊段及下游段深泓走向相对稳定。

2. 太平口口门段

太平口口门段深泓线平面变化见图 2.36。太平口口门至高家湾深泓贴左岸，高家湾附近深泓向右岸过渡，高家湾至吴家渡深泓贴近右岸，吴家渡附近深泓向左岸过渡，吴家渡至弥寺镇深泓贴左岸运行，弥寺镇以下深泓向右岸过渡，弥寺镇至张家潭深泓贴右岸，张家潭附近深泓向左过渡，天心眼村哨所至宋家湾上深泓贴左岸，在宋家湾深泓向右岸过渡，宋家湾附近深泓贴右岸。虎渡河口门段 2003 年以来深泓走向相对稳定，摆幅在 40 m 以内。

3. 藕池口口门段

藕池口口门段深泓线平面变化见图 2.37。藕池口口门段深泓摆动较大部位主要位于进口～荆 86+1 断面、藕 02-2～藕 03-1 断面，深泓摆动主要发生在 2003～2011 年，最大摆幅达 320 m。2011 年以来深泓走向相对稳定，摆动相对较小，摆动幅度在 50 m 以内，没有明显单向变化趋势。

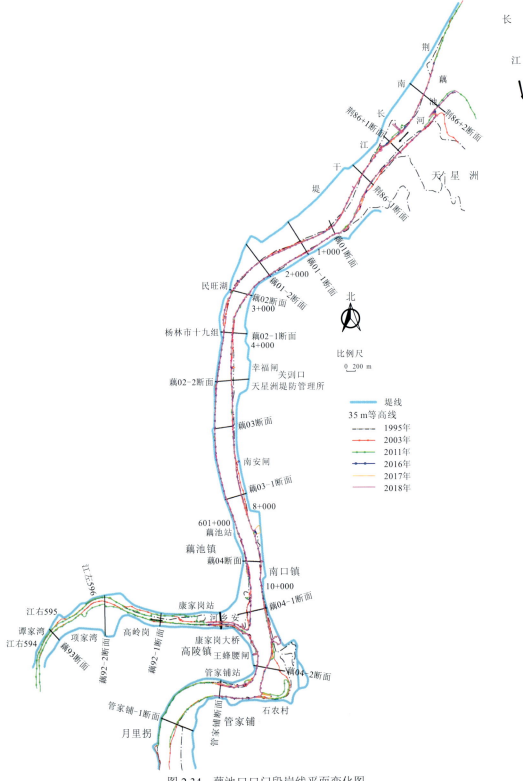

图 2.34　藕池口口门段岸线平面变化图

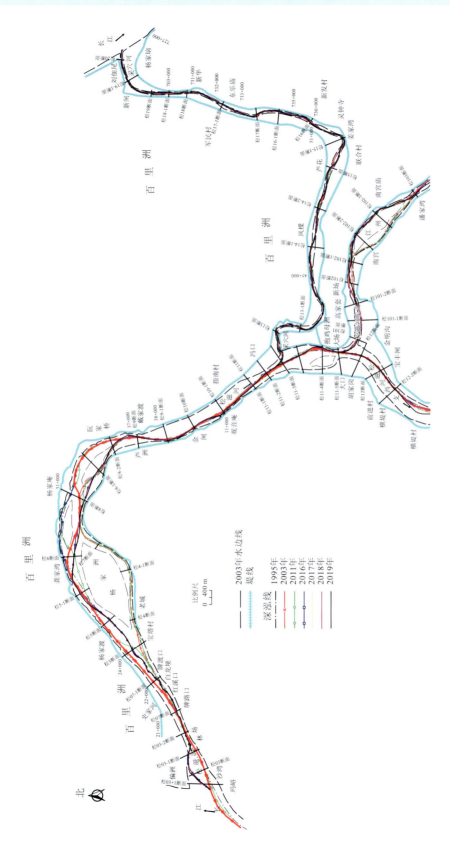

图 2.35　松滋口口门段深泓线平面变化图

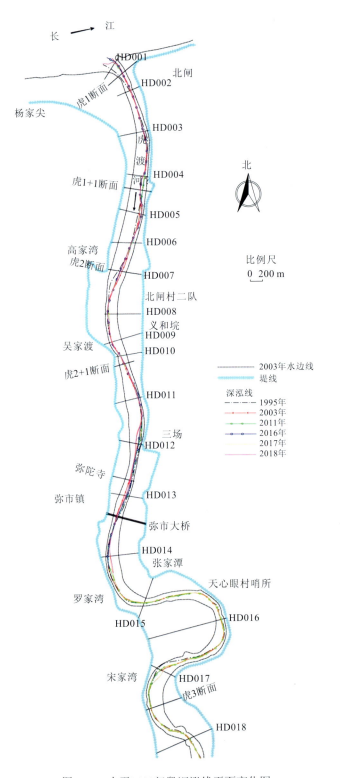

图 2.36　太平口口门段深泓线平面变化图

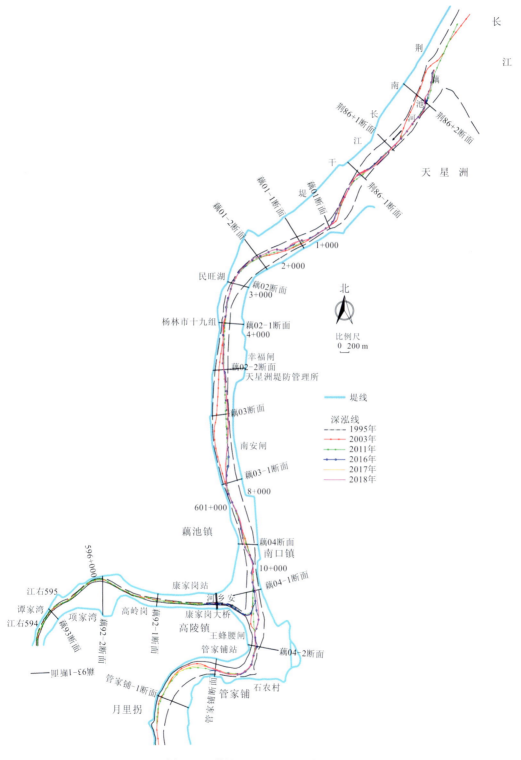

图 2.37　藕池口口门段深泓线平面变化图

2.2.3　深泓纵剖面变化

根据 2003 年、2011 年、2016 年、2017 年及 2018 年实测资料，荆江三口口门段深泓纵剖面变化分别见图 2.38～图 2.40。

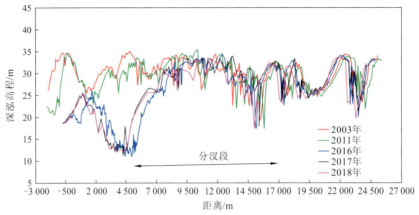

图 2.38　松滋口口门段深泓纵剖面变化图

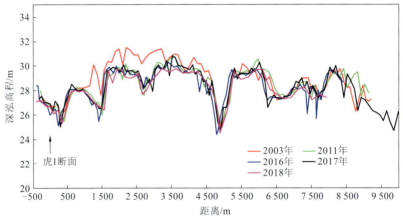

图 2.39　太平口口门段深泓纵剖面变化图

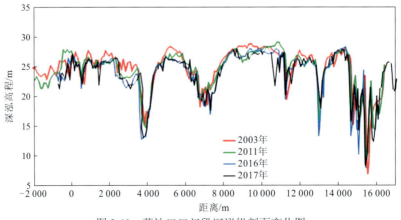

图 2.40　藕池口口门段深泓纵剖面变化图

2003 年以来，荆江三口口门段深泓纵剖面均有所冲刷，冲刷均发生在口门上游河段，下游河段深泓既有冲刷又有淤积，没有明显单向变化趋势。

2003～2016 年松滋口口门段深泓持续冲刷，冲刷主要发生在口门进口至杨家洲左汊汊道中部（松 5 断面附近），长度约 8 km。因松 03 断面下游约 1.5 km 河床为胶结卵石，不易冲刷形成陡坎，此段纵剖面形态由 M 形冲刷呈现 W 形。河床最大冲深在牌路口至宝塔村（松 07～松 3 断面），最大冲深达 13 m。相较于 2017 年，2018 年松滋口口门段平均深泓相对稳定，在杨家洲汊道段发生较为明显的冲刷，局部最大冲深由 32.2 m 减小到 28.4 m。2003 年、2011 年、2016 年、2017 年和 2018 年松滋口口门段深泓高程平均值分别为 30.3 m、29.4 m、25.4 m、25.6 m 和 25.6 m。

太平口口门段深泓冲刷主要发生在进口虎 1 断面下游约 1 km 至虎 2+1 断面上游附近，深泓平均冲深约 1.2 m，冲刷主要发生在 2003～2011 年。2003 年、2011 年、2016 年、2017 年和 2018 年太平口口门段深泓高程平均值分别为 29.1 m、28.6 m、28.3 m、28.6 m 和 28.1 m。相较于 2017 年，2018 年太平口口门入口段深泓相对稳定，太平口口门以下 5 km 下游河段呈现小幅冲刷态势。

藕池口口门段深泓2003 年以来既有冲刷又有淤积，总体呈现冲刷，冲刷主要发生在藕池口口门段上游约 9 km 的河段。上游最深处位于藕 01-1 断面附近，此处河宽束窄，比降加大，主泓贴左岸，2016 年最深，最深点高程为 12.9 m。2003 年、2011 年、2016 年、2017 年和 2018 年藕池口口门段深泓高程平均值分别为 25.4 m、25.0 m、24.1 m、24.2 m 和 22.6 m，2003～2016 年藕池口口门段深泓平均冲深约 1.3 m，2017 年相对 2016 年略有回淤，相较于 2017 年，2018 年藕池口口门入口段深泓相对稳定，藕池口口门以下 8 km 下游河段表现为小幅冲刷态势。

2.3　荆南四河水资源开发利用

2.3.1　水资源总量

根据历年《湖南省水资源公报》与《湖北省水资源公报》的统计数据，以及第三次全国水资源调查评价数据，分析了 1981～2018 年荆南四河区域地表水资源量、地下水资源量及水资源总量，结果见图 2.41。

根据统计结果，1981～2018 年荆南四河区域多年平均水资源总量为 82.55 亿 m³，其中：多年平均地表水资源总量为 78.85 亿 m³，占水资源总量的 95.5%；多年平均地下水资源量（扣除与地表水资源量重复量）为 3.70 亿 m³，占水资源总量的 4.5%。年水资源总量最大为 136.17 亿 m³（2002 年），年水资源总量最小为 53.7 亿 m³（1984 年）。

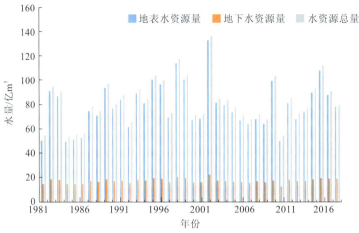

图 2.41　1981～2018 年荆南四河区域水资源量变化图

2.3.2　过境水资源量

　　由于荆南四河区域的特殊性，其过境水资源量巨大，根据水文站的实测水文资料，统计了 1981～2018 年荆南四河区域过境水资源量数据，结果见图 2.42。

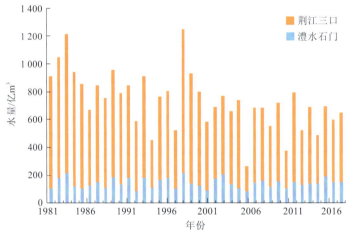

图 2.42　1981～2018 年荆南四河区域过境水资源量变化图

　　从图 2.42 可以看出，1981～2018 年荆南四河区域多年平均过境水资源量为 743 亿 m³，其中：荆江三口过境水资源量为 595 亿 m³，约占多年平均过境水资源量的 80%；澧水石门过境水资源量为 148 亿 m³，约占多年平均过境水资源量的 20%。与三峡水库运行前相比，2003～2018 年荆南四河区域多年平均过境水资源量减少了 25%。过境水资源量年内分配不均，其中汛期（6～10 月）约占全年过境水资源量的 85%，而枯水期（11 月～次年 5 月）仅占全年过境水资源量的 15%。与同期水资源量相比（图 2.43），1981～2018 年荆南四河区域多年平均过境水资源量约为地区水资源量的 9 倍。

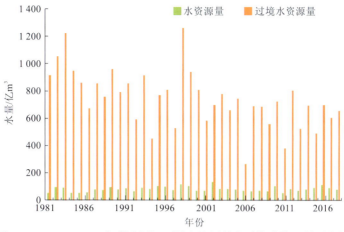

图 2.43　1981~2018 年荆南四河区域水资源量和过境水资源量对比图

2.3.3　水资源开发利用情况

1981~2018 年供水量总体呈现增加的趋势，多年平均供水量为 27.5 亿 m³。1981~2018 年荆南四河区域水资源开发利用情况见图 2.44。

图 2.44　1981~2018 年荆南四河区域水资源开发利用情况图

2018 年，荆南四河区域总供水量为 29.3 亿 m³，较 2008 年增加了 13%，其中：地表水供水量为 28.4 亿 m³，约占总供水量的 97%；地下水供水量为 0.9 亿 m³，约占总供水量的 3%。荆南四河区域总用水量为 29.3 亿 m³，较 2008 年增加了 13%，其中：工业用水量为 6.1 亿 m³，约占总用水量的 20.8%；农业用水量为 19.5 亿 m³，约占总用水量的 66.6%；生活用水量为 3.7 亿 m³，约占总用水量的 12.6%。

耗水量总体呈减少的趋势，多年平均耗水量为 12.9 亿 m³。2018 年，荆南四河区域总耗水量为 12.6 亿 m³，其中：工业耗水量为 1.2 亿 m³，耗水率为 18.8%，约占总耗水量的

9.5%；农业耗水量为 9.8 亿 m³，耗水率为 53.8%，约占总耗水量的 77.8%；生活耗水量为 1.6 亿 m³，耗水率为 41.7%，约占总耗水量的 12.7%。

2.3.4　规划水平年水资源量供需平衡分析

参考《洞庭湖区综合规划报告》与《洞庭湖四河水系综合整治工程方案论证报告》中的成果，根据洞庭湖区各县级行政区经济社会发展指标预测成果和主要用水定额，预测到 2030 年，荆南四河区域（不包括澧水）$P=50\%$、$P=85\%$、$P=95\%$ 情况下供需平衡分析见表 2.6～表 2.8。

在 $P=50\%$、$P=85\%$ 和 $P=95\%$ 三种频率下，荆南四河区域 2030 年缺水量分别为 4.08 亿 m³、8.43 亿 m³ 和 8.80 亿 m³，对应的年缺水率分别为 20.1%、26.0% 和 24.5%。10 月的缺水率分别为 20.1%、66.4% 和 50.4%，4 月的缺水率分别为 70.2%、68.7% 和 81.8%。可以看出，随着经济社会的发展，总需水量将继续增加。随着江湖关系的逐步变化，长江干流河道进一步冲刷、中枯水位继续下降，荆江三口分流量总体上会进一步减小，荆南四河河道枯水期断流的时间可能会延长，同时随着区域经济发展带来的需水量的进一步增加，水资源短缺问题将会更加突出，严重制约区域经济社会发展。

2.3.5　水资源开发利用面临的问题

三峡工程通过对长江干流来水进行调蓄，增大了枯水期的下泄流量，1～3 月下荆江段（藕池口—城陵矶段）及洞庭湖水位均有一定程度的上升，对荆南四河区域的岳阳市等地区的水资源开发利用是有利的，但由于三峡水库拦蓄后清水下泄的影响，上荆江段（枝城—藕池口段）河床下切，水位下降，入湖门槛提高，荆南四河区域水资源开发利用可能会受到一定影响，体现在以下两个方面：一方面荆江河段分流的减小导致该地区可利用的过境水资源量逐年减少，尤其是在枯水期面临着季节性的缺水；另一方面平原地区由于自然条件的因素，难以建设蓄水调节工程，现状供水以引提水为主，工程对水资源的时空调配能力差，而荆南四河区域在枯水期水位降低，总断流时间延长，使得已有的引提水设施难以正常取水，工程性缺水加剧。

荆南四河区域水资源虽然较丰富，但受到降水时空分布不均匀的影响，荆南四河区域水资源主要集中在汛期，松滋河占比较大，季节性缺水问题严重。2006 年特枯水年，沙道观站、弥陀寺站和藕池（管家铺）站断流期分别为 271 天、175 天和 235 天，而藕池（康家岗）站断流期为 336 天。荆南四河区域沿岸的农业灌溉除湖北省沿长江灌区从长江引水外，大部分从荆南四河区域河道内引水，需水期主要在 4～10 月。每年的 9～10 月，三峡水库汛后蓄水，水位降低，晚稻用水得不到保障；4 月中旬，长江水位低，而此期间降雨偏少，早稻泡田、返青期，蔬菜用水等得不到保障，经常发生春灌缺水的现象。

表 2.6　规划水平年 $P=50\%$ 供需平衡分析

（单位：亿 m³）

月份	松滋河			虎渡河			藕池河			华容河			合计		
	需水量	供水量	缺水量	需水量	供水量	缺水量	需水量	供水量	缺水量	需水量	供水量	缺水量	需水量	供水量	缺水量
6	0.74	0.54	0.20	0.58	0.51	0.07	0.88	0.79	0.09	0.13	0.00	0.13	2.33	1.84	0.49
7	1.28	1.28	0.00	0.96	0.96	0.00	1.26	1.26	0.00	0.16	0.00	0.16	3.66	3.50	0.16
8	0.90	0.90	0.00	0.76	0.76	0.00	1.25	1.25	0.00	0.17	0.00	0.17	3.08	2.91	0.17
9	0.87	0.87	0.00	0.88	0.79	0.09	1.81	1.81	0.00	0.23	0.00	0.23	3.79	3.47	0.32
10	0.41	0.37	0.04	0.37	0.25	0.12	0.74	0.60	0.14	0.12	0.09	0.03	1.64	1.31	0.33
11	0.13	0.07	0.06	0.10	0.04	0.06	0.23	0.15	0.08	0.07	0.07	0.00	0.53	0.33	0.20
12	0.11	0.03	0.08	0.08	0.02	0.06	0.15	0.04	0.11	0.04	0.00	0.04	0.38	0.09	0.29
1	0.11	0.02	0.09	0.08	0.02	0.06	0.15	0.00	0.15	0.04	0.04	0.00	0.38	0.08	0.30
2	0.12	0.03	0.09	0.09	0.02	0.07	0.16	0.05	0.11	0.04	0.04	0.00	0.41	0.14	0.27
3	0.15	0.05	0.10	0.12	0.02	0.10	0.21	0.10	0.11	0.04	0.00	0.04	0.52	0.17	0.35
4	0.43	0.21	0.22	0.35	0.07	0.28	0.62	0.17	0.45	0.11	0.00	0.11	1.51	0.45	1.06
5	0.63	0.63	0.00	0.51	0.51	0.00	0.83	0.82	0.01	0.13	0.00	0.13	2.10	1.96	0.14
合计	5.88	5.00	0.88	4.88	3.97	0.91	8.29	7.04	1.25	1.28	0.24	1.04	20.33	16.25	4.08

表 2.7 规划水平年 $P = 85\%$供需平衡分析

(单位：亿 m³)

月份	松滋河			虎渡河			藕池河			华容河			合计		
	需水量	供水量	缺水量	需水量	供水量	缺水量	需水量	供水量	缺水量	需水量	供水量	缺水量	需水量	供水量	缺水量
6	1.31	1.22	0.09	1.03	1.03	0.00	1.32	1.22	0.10	0.19	0.00	0.19	3.85	3.47	0.38
7	2.34	2.34	0.00	1.75	1.75	0.00	1.96	1.96	0.00	0.25	0.00	0.25	6.30	6.05	0.25
8	1.63	1.63	0.00	1.37	1.37	0.00	1.92	1.92	0.00	0.26	0.00	0.26	5.18	4.92	0.26
9	1.56	1.27	0.29	1.61	0.78	0.83	2.85	1.79	1.06	0.38	0.18	0.20	6.40	4.02	2.38
10	0.68	0.47	0.21	0.64	0.04	0.60	1.07	0.24	0.83	0.17	0.11	0.06	2.56	0.86	1.70
11	0.16	0.07	0.09	0.13	0.02	0.11	0.22	0.13	0.09	0.07	0.07	0.00	0.58	0.29	0.29
12	0.13	0.02	0.11	0.09	0.02	0.07	0.13	0.04	0.09	0.04	0.00	0.04	0.39	0.08	0.31
1	0.12	0.02	0.10	0.09	0.02	0.07	0.12	0.06	0.06	0.04	0.00	0.04	0.37	0.10	0.27
2	0.15	0.03	0.12	0.11	0.02	0.09	0.16	0.08	0.08	0.04	0.00	0.04	0.46	0.13	0.33
3	0.20	0.05	0.15	0.16	0.03	0.13	0.23	0.12	0.11	0.05	0.05	0.00	0.64	0.25	0.39
4	0.72	0.45	0.27	0.60	0.10	0.50	0.87	0.18	0.69	0.14	0.00	0.14	2.33	0.73	1.60
5	1.10	1.08	0.02	0.90	0.90	0.00	1.23	1.16	0.07	0.18	0.00	0.18	3.41	3.14	0.27
合计	10.10	8.65	1.45	8.48	6.08	2.40	12.08	8.90	3.18	1.81	0.41	1.40	32.47	24.04	8.43

表 2.8　规划水平年 $P = 95\%$ 供需平衡分析

（单位：亿 m³）

月份	松滋河			虎渡河			藕池河			华容河			合计		
	需水量	供水量	缺水量	需水量	供水量	缺水量	需水量	供水量	缺水量	需水量	供水量	缺水量	需水量	供水量	缺水量
6	1.46	1.46	0.00	1.15	1.15	0.00	1.46	1.46	0.00	0.20	0.00	0.20	4.27	4.07	0.20
7	2.62	2.62	0.00	1.96	1.96	0.00	2.18	2.18	0.00	0.27	0.00	0.27	7.03	6.76	0.27
8	1.81	1.81	0.00	1.53	1.53	0.00	2.14	2.14	0.00	0.29	0.00	0.29	5.77	5.48	0.29
9	1.74	1.55	0.19	1.80	0.87	0.93	3.19	1.88	1.31	0.42	0.19	0.23	7.15	4.49	2.66
10	0.75	0.65	0.10	0.71	0.25	0.46	1.19	0.40	0.79	0.19	0.11	0.08	2.84	1.41	1.43
11	0.17	0.14	0.03	0.13	0.08	0.05	0.23	0.20	0.03	0.07	0.07	0.00	0.60	0.49	0.11
12	0.13	0.03	0.10	0.09	0.02	0.07	0.13	0.03	0.10	0.04	0.04	0.00	0.39	0.12	0.27
1	0.13	0.02	0.11	0.09	0.02	0.07	0.12	0.06	0.06	0.04	0.00	0.04	0.38	0.10	0.28
2	0.16	0.04	0.12	0.12	0.02	0.10	0.17	0.09	0.08	0.04	0.00	0.04	0.49	0.15	0.34
3	0.22	0.06	0.16	0.17	0.03	0.14	0.25	0.04	0.21	0.05	0.00	0.05	0.69	0.13	0.56
4	0.80	0.28	0.52	0.67	0.04	0.63	0.96	0.15	0.81	0.15	0.00	0.15	2.58	0.47	2.11
5	1.23	1.23	0.00	1.00	1.00	0.00	1.36	1.28	0.08	0.20	0.00	0.20	3.79	3.51	0.28
合计	11.22	9.89	1.33	9.42	6.97	2.45	13.38	9.91	3.47	1.96	0.41	1.55	35.98	27.18	8.80

　　从水源地与历史供水方式来看，增大荆南四河区域分流量是缓解枯水期荆江三口河系地区水资源供需矛盾较为切实可行的措施。由于洞庭湖区地势平坦，难以建设大型的蓄水工程，从历史与现状用水情况来看，过境水资源为荆南四河区域主要的水源，尤其是在枯水期，天然降水与当地塘、湖等水体中水量减少，从河中引、提水为主要的取水方式，相应的供水工程也依此而建，工程对水资源的调配能力较差。因此，如何通过上游水库群的优化调度增大枯水期荆南四河区域的分流量，缓解该地区的水资源供需矛盾，是目前需要深入研究的问题。

第 3 章

荆南四河径流量及荆江三口分流分沙情势变化

　　荆南四河水沙的变化主要取决于荆江三口分流、分沙比的变化，本章在分析荆南四河径流量年内年际变化的基础上，研究荆江同等来水条件下荆江三口分流演变，荆江来水变化条件对荆江三口分流的影响，根据不同时期荆江三口断流情况辨析三峡水库蓄水后荆南四河断流规律，展示荆南四河径流量及分流、分沙情势变化。

3.1　荆南四河径流量变化

3.1.1　径流量年内年际变化

选取长江干流枝城站及荆南四河水系的控制性水文站，分析荆江三口分流的年际和年内变化特征，统计结果见表 3.1、表 3.2 和图 3.1～图 3.3。

表 3.1　各站点分时段多年平均径流量与荆江三口分流比对比表

时段		干流/亿 m³		松滋口/亿 m³		太平口/亿 m³	藕池口/亿 m³		荆江三口合计/亿 m³	荆江三口分流比/%
起止时间	编号	宜昌站	枝城站	新江口站	沙道观站	弥陀寺站	康家岗站	管家铺站		
1956～1966 年	一	4 372.0	4 515.0	322.6	162.5	209.7	48.8	588.0	1 331.6	29.5
1967～1972 年	二	4 140.0	4 302.0	321.5	123.9	185.8	21.4	368.8	1 021.4	23.7
1973～1980 年	三	4 287.0	4 441.0	322.7	104.8	159.9	11.3	235.6	834.3	18.8
1981～2002 年	四	4 334.0	4 429.0	291.8	79.1	132.0	10.0	172.4	685.3	15.5
2003～2018 年	五	4 077.0	4 157.0	240.7	52.9	82.3	3.6	101.8	481.3	11.6

20 世纪 50 年代以来，受荆江河床冲刷下切、同流量下水位下降、荆江三口分流河道河床淤积及荆江三口口门段河势调整等因素影响，荆江三口分流能力一直处于衰减之中，分流量呈显著减少的趋势。由表 3.1 可以看出：1956～1966 年荆江三口合计分流量为 1 331.6 亿 m³；1967～1972 年下荆江裁弯期间，荆江三口合计分流量为 1 021.4 亿 m³；1973～1980 年为下荆江裁弯后，荆江三口合计分流量为 834.3 亿 m³；1981～2002 年葛洲坝水利枢纽工程修建后到三峡水库蓄水前，荆江三口合计分流量为 685.3 亿 m³；三峡水库蓄水后的 2003～2018 年，荆江三口合计分流量为 481.3 亿 m³。

由表 3.1 可见：2003～2018 年与 1981～2002 年相比，长江干流枝城站径流量减少了 272.0 亿 m³，减少幅度为 6.1%；荆江三口合计分流量减少了 204.0 亿 m³，减幅为 29.8%，分流比也由 15.5% 减小至 11.6%。其中：径流量减幅最大的为藕池口，径流量减少了 77 亿 m³，减幅为 42.2%，其分流比则由 4.1% 减小至 2.5%；松滋口径流量减少了 77.3 亿 m³，减幅为 20.8%，其分流比则由 8.4% 减小至 7.0%；太平口分流量减少了 49.7 亿 m³，减幅为 37.7%，其分流比则由 3.0% 减小至 2.0%。

表 3.2 为荆江三口不同时段各站点各月平均流量。各站点洪水期、枯水期的流量变幅极大，在长江来水较丰的 7～9 月各站点径流量较大；在枯水季节，荆南四河水系河道存在大范围的断流现象。2003～2018 年中，在长江来水较少的 12 月～次年 3 月，荆江三口 5 个站点中只有新江口站通流，且通流流量较小，流量在 44.4～67.6 m³/s。

表 3.2　荆江三口不同时段各站点各月平均流量表

（单位：m³/s）

河段	水文站	统计时段	1月	2月	3月	4月	5月	6月	7月	8月	9月	10月	11月	12月
干流	宜昌站	1956~1966年	4260	3720	4200	6020	11200	17400	30100	29200	25600	18200	10300	6050
		1967~1972年	4150	3790	4580	7190	13200	17300	27100	23100	23500	17800	10100	5650
		1973~1980年	3970	3590	3810	6600	11900	19600	26800	25900	26400	19100	9750	5630
		1981~2002年	4400	4000	4560	6810	11100	18300	31300	26900	24600	17300	9690	5880
		2003~2018年	5810	5680	6230	8220	12800	17200	27100	23200	20500	12900	9210	6180
	枝城站	1956~1966年	4380	3850	4470	6530	12000	18100	30900	29700	25900	18600	10600	6180
		1967~1972年	4220	3900	4860	7630	13900	18100	28200	23400	24200	18300	10400	5760
		1973~1980年	4050	3690	4020	7090	12700	20500	27700	26500	27000	19400	9940	5710
		1981~2002年	4520	4220	4740	6920	11500	19300	31900	27300	24800	17500	9880	5910
		2003~2018年	6170	6020	6570	8620	13100	17500	27300	23400	20800	13100	9460	6530
松滋口	新江口站	1956~1966年	72	37.9	78	245	762	1360	2630	2500	2170	1450	669	232
		1967~1972年	38.5	29	99.3	356	1010	1480	2560	2100	2110	1550	669	164
		1973~1980年	17.2	6.9	23.4	252	825	1650	2450	2340	2370	1590	564	115
		1981~2002年	9.59	6.16	17.1	144	549	1330	2830	2360	2060	1250	405	61.3
		2003~2018年	49.3	44.4	67.6	208	648	1180	2380	1900	1560	682	317	66.4
	沙道观站	1956~1966年	9.6	5.1	11.6	71.4	330	680	1490	1400	1160	699	236	43
		1967~1972年	0.356	0.314	8.7	51.3	314	571	1180	907	913	576	146	14.1
		1973~1980年	0.17	0.153	0.285	29.1	169	539	936	872	885	462	67	0.542
		1981~2002年	0	0	0	4.36	58	300	975	744	615	256	27.4	0.13
		2003~2018年	0	0.015	0	5.65	59.7	217	706	514	387	89.5	16.9	0

续表

河段	水文站	统计时段	1月	2月	3月	4月	5月	6月	7月	8月	9月	10月	11月	12月
太平口	弥陀寺站	1956~1966年	25.6	8.8	28.8	146	534	966	1690	1630	1420	945	410	124
		1967~1972年	28.9	18.9	66.6	215	598	884	1510	1220	1190	852	353	96.5
		1973~1980年	1.35	0.088	5.93	106	404	847	1300	1220	1190	745	214	26.2
		1981~2002年	0	0	0	26.3	204	633	1350	1160	983	528	96.7	2.39
		2003~2018年	0.201	0.361	0.626	35.5	191	397	909	735	579	195	63.8	1.42
	康家岗站	1956~1966年	0	0	0	0.96	31.2	127	626	538	391	119	5.5	0
		1967~1972年	0	0	0	0.253	29.9	81	325	161	164	46.7	0	0
		1973~1980年	0	0	0	0	0.592	38.6	131	109	117	30.7	0	0
		1981~2002年	0	0	0	0	1.03	19.8	159	111	74.5	11.2	0.157	0
		2003~2018年	0	0	0	0	0.395	9.16	57.6	39.7	27.8	1.47	0.337	0
藕池口	管家铺站	1956~1966年	22.3	5.1	39.2	223	1110	2250	5430	5170	4370	2560	853	175
		1967~1972年	1.87	1.16	20.2	145	910	1640	3840	2740	2660	1580	340	42.6
		1973~1980年	0	0	0	30.6	333	1170	2310	2030	2020	938	69.8	0.538
		1981~2002年	0	0	0	13	142	634	2250	1670	1300	452	45.8	0.26
		2003~2018年	0	0	0	18.6	171	499	1270	955	717	176	39.1	0.011
荆江三口	荆江三口合计	1956~1966年	129.5	56.9	157.6	686.36	2767.2	5383	11866	11238	9511	5773	2173.5	574
		1967~1972年	69.626	49.374	194.8	767.553	2861.9	4656	9415	7128	7037	4604.7	1508	317.2
		1973~1980年	18.72	7.141	29.615	417.7	1731.592	4244.6	7127	6571	6582	3765.7	914.8	142.28
		1981~2002年	9.59	6.16	17.1	187.66	954.03	2916.8	7564	6045	5032.5	2497.2	575.057	64.08
		2003~2018年	49.501	44.776	68.226	267.75	1070.095	2302.16	5322.6	4143.7	3270.8	1143.97	437.137	67.831

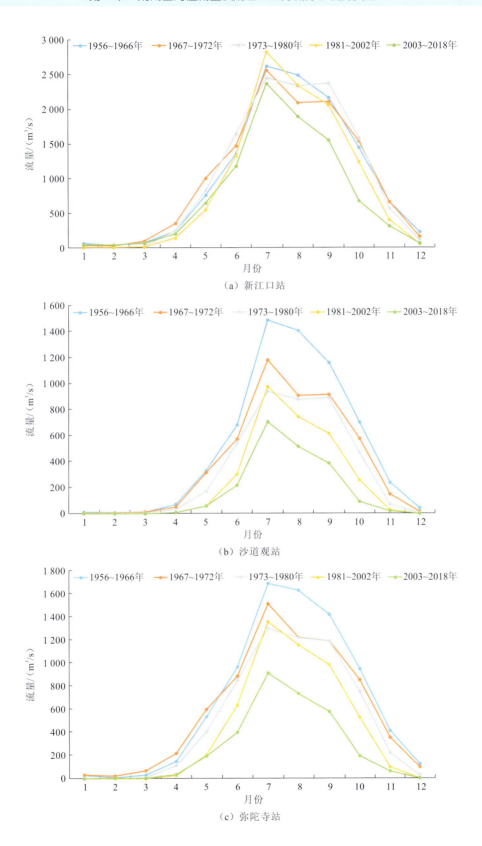

（a）新江口站

（b）沙道观站

（c）弥陀寺站

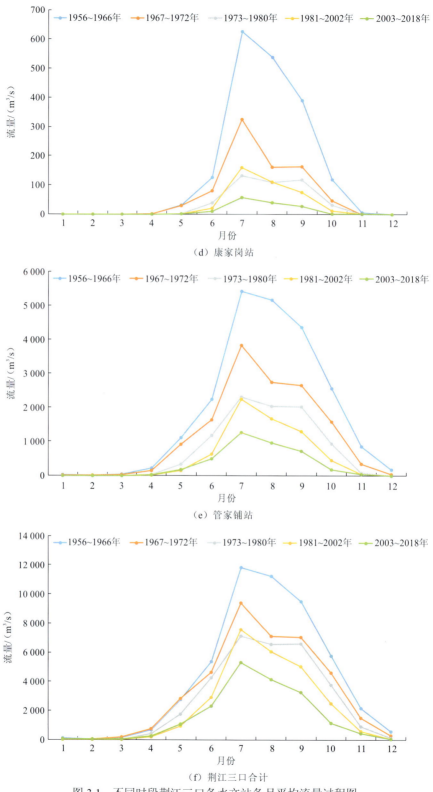

（d）康家岗站

（e）管家铺站

（f）荆江三口合计

图 3.1　不同时段荆江三口各水文站各月平均流量过程图

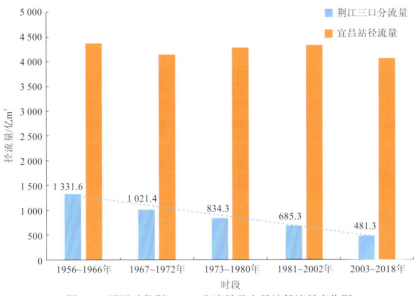

图 3.2　不同时段荆江三口分流量及宜昌站径流量变化图

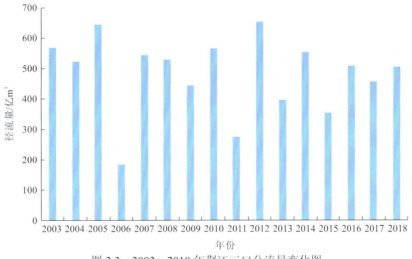

图 3.3　2003～2018 年荆江三口分流量变化图

3.1.2　趋势分析和突变检验

本小节依据荆南四河水文站长系列实测径流量，从趋势性、突变性角度探讨其水情长历时变化规律。

松滋口、太平口、藕池口及荆江三口合计 1955～2018 年实测平均径流量系列肯德尔（Kendall）检验、斯皮尔曼（Spearman）检验和似然比检验（likelihood ratio test，LRT）的结果见表 3.3。可以看出，松滋口、太平口、藕池口及荆江三口合计 1955～2018 年径流量均呈显著下降趋势，其中太平口和藕池口检验系数接近，变化趋势最为明显。

表 3.3　荆江三口各站点 1955～2018 年径流量变化趋势检验结果表

类别	肯德尔检验	斯皮尔曼检验	LRT	变化趋势	
松滋口	−6.28	−8.4	−7.76	下降	显著
太平口	−7.91	−13.5	−12.20	下降	显著
藕池口	−7.97	−13.6	−11.60	下降	显著
荆江三口合计	−7.62	−12.6	−11.60	下降	显著

曼-肯德尔（Mann-Kendall，M-K）趋势检验方法中，UF 和 UB 分别是按照时间序列正序及逆序计算出来的值，如果两者出现交点，且交点在临界线之间，那么交点对应的时刻为突变开始时间。荆南四河主要控制站点径流量和水位的 M-K 趋势检验变化曲线见图 3.4～图 3.7。

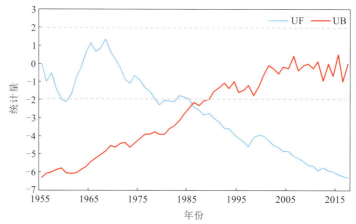

图 3.4　松滋口 1955～2018 年实测径流量 M-K 趋势检验变化图

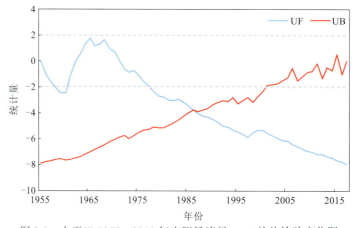

图 3.5　太平口 1955～2018 年实测径流量 M-K 趋势检验变化图

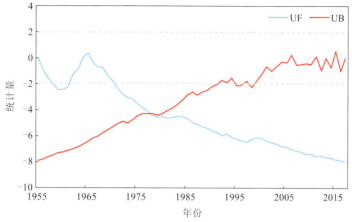

图 3.6 　藕池口 1955～2018 年实测径流量 M-K 趋势检验变化图

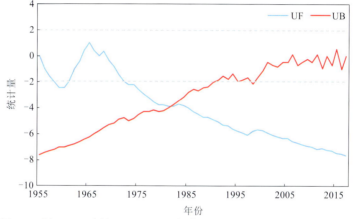

图 3.7 　荆江三口合计 1955～2018 年实测径流量 M-K 趋势检验变化图

由松滋口和太平口 1955～2018 年历年径流量序列 M-K 趋势检验统计变化可知，两者径流量只有一个突变交叉点，突变点出现在 1986 年左右。藕池口也仅有一个突变交叉点，突变点出现在 1978 年左右，荆江三口合计径流量也仅有一个突变交叉点，突变点也出现在 1978 年左右。

诱发荆江三口径流量突变的因素主要是人类活动,这种人类活动影响多存在 4～6 年的趋势性调整，如 1972 年荆江裁弯后的 6 年，藕池口分流量发生突变且这种影响对荆江三口分流量也产生影响。1981 年葛洲坝建成对松滋口和太平口也有所影响，影响的过渡期为 5 年，因此松滋口和太平口径流量出现突变。

3.2 　同等来水条件下荆江三口分流演变

根据历年枝城站不同流量级，对枝城站、新江口站、沙道观站、弥陀寺站、管家铺站、康家岗站及荆江三口分流量数据进行统计，历年来各站点在枝城站不同来水流量级下的流量及荆江三口分流数据见表 3.4。

表 3.4 各站点流量及荆江三口分流变化统计表

流量级 /(m³/s)	时段	各站点相应的流量/(m³/s)					荆江三口分流量 合计/(m³/s)	分流比 /%
		新江口站	沙道观站	弥陀寺站	管家铺站	康家岗站		
70 000	1956~1966 年	—	—	—	—	—	—	—
	1967~1972 年	—	—	—	—	—	—	—
	1973~1980 年	—	—	—	—	—	—	—
	1981~2002 年	7 160	2 950	2 790	691	6 930	20 521	29.3
	2003~2018 年	—	—	—	—	—	—	—
60 000	1956~1966 年	5 380	3 160	2 820	1 950	10 800	24 110	39.0
	1967~1972 年	—	—	—	—	—	—	—
	1973~1980 年	5 240	2 580	2 610	684	6 500	17 614	29.4
	1981~2002 年	5 700	2 420	2 560	533	5 660	16 873	28.1
	2003~2018 年	—	—	—	—	—	—	—
50 000	1956~1966 年	4 320	2 530	2 660	1 400	9 100	20 010	40.0
	1967~1972 年	4 580	2 550	2 430	1 250	8 510	19 320	38.6
	1973~1980 年	4 270	1 980	2 210	456	5 090	14 006	28.0
	1981~2002 年	4 460	1 740	2 050	365	4 290	12 905	25.8
	2003~2018 年	—	—	—	—	—	—	—
40 000	1956~1966 年	3 400	2 010	2 070	1 060	7 530	16 070	40.2
	1967~1972 年	3 690	1 920	2 060	772	6 670	15 112	37.8
	1973~1980 年	3 480	1 540	1 790	296	4 070	11 176	28.0
	1981~2002 年	3 510	1 310	1 680	214	2 970	9 684	24.2
	2003~2018 年	3 590	1 220	1 400	122	2 020	8 352	20.9
30 000	1956~1966 年	2 500	1 410	1 670	509	5 260	11 349	37.8
	1967~1972 年	2 650	1 250	1 620	265	4 000	9 785	32.6
	1973~1980 年	2 570	982	1 350	107	2 270	7 279	24.3
	1981~2002 年	2 580	848	1 270	102	1 700	6 500	21.7
	2003~2018 年	2 700	856	1 040	64.6	1 400	6 060.6	20.2
20 000	1956~1966 年	1 620	808	1 120	123	2 900	6 571	32.8
	1967~1972 年	1 750	677	1 010	54.3	1 920	5 411.3	27.1
	1973~1980 年	1 700	509	862	15.5	966	4 052.5	20.2
	1981~2002 年	1 560	356	743	20.9	720	3 399.9	17.0
	2003~2018 年	1 480	312	507	13	652	2 964	14.8
10 000	1956~1966 年	588	212	377	0.125	691	1 868.125	18.7
	1967~1972 年	627	121	349	0.012	309	1 406.012	14.0
	1973~1980 年	549	53.6	226	0	92.1	920.7	9.2
	1981~2002 年	414	8.11	106	0	43.7	571.81	5.7
	2003~2018 年	322	1.62	58	0	12.8	394.42	3.9

　　由表 3.4 可见，受到天然来水及梯级水库群调蓄的影响，近年来枝城站实测径流量基本没有超过 60 000 m³/s。在流量级为 10 000～50 000 m³/s 条件下，荆江三口分流比呈现出不同程度减少的趋势。在枝城站为 50 000 m³/s 流量级条件下，荆江三口分流量和分流比均有显著的减少趋势。三峡水库蓄水后，仅 2004 年 9 月 7 日枝城站来水为 50 000 m³/s，统计样本较少，故本书没有将其列入统计范围；相较于 1981～2002 年，在枝城站 10 000 m³/s、20 000 m³/s、30 000 m³/s 和 40 000 m³/s 流量级条件下，2003～2018 年荆江三口分流比分别减少了 1.8%、2.2%、1.5% 和 3.3%。枝城站不同流量级下荆江三口分流比变化具体见图 3.8。

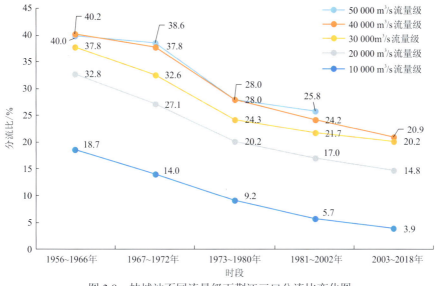

图 3.8　枝城站不同流量级下荆江三口分流比变化图

3.3　径流过程变化对荆江三口分流的影响

　　受三峡水库及其上游梯级水库群联合调度的影响，三峡水库下游径流过程发生了较大变化，以松滋口、太平口和藕池口为代表，分析 1990 年以来枯水期（12 月～次年 4 月）、消落期（5 月）、汛期（6～9 月）和蓄水期（10～11 月）4 个不同阶段分流量的变化过程。1990～2018 年荆江三口各口门分流量变化过程如图 3.9 所示。

　　图 3.10 和表 3.5 给出了三峡水库蓄水前 1990～2002 年，蓄水后 2003～2012 年和 2013～2018 年，荆江三口各口门枯水期、消落期、汛期和蓄水期多年平均分流量的变化。可以看出：三峡水库蓄水后 2003～2012 年与蓄水前 1990～2002 年相比，枯水期荆江三口各口门分流量增加较明显，其中太平口增幅最大，为 66.7%，荆江三口分流量增幅为 14.0%；消落期、汛期和蓄水期各口门分流量整体上有所下降，荆江三口分流量降幅分别约为 3.8%、19.1% 和 38.9%。蓄水后 2013～2018 年与蓄水前 1990～2002 年相比，枯水期和消落期荆江三口分流量均增加，其中枯水期松滋口、太平口和藕池口分流量增幅分别为 320.5%、300% 和 740%，荆江三口分流量增幅为 327.9%；消落期除太平口分流量减少外，其他两个口门分流量均增加，荆江三口分流量增幅为 44.3%；汛期和蓄水期荆江三口

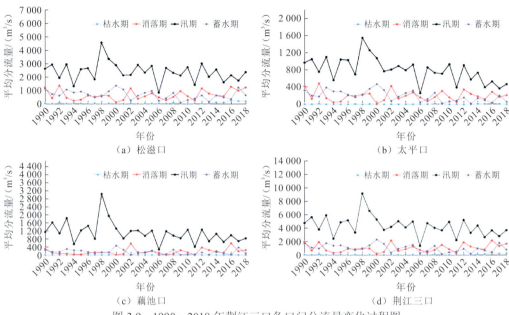

图 3.9　1990～2018 年荆江三口各口门分流量变化过程图

各口门分流量均明显减少，荆江三口分流量减幅分别为 31.6%和 37.3%。蓄水后 2013～2018 年分流量与 2003～2012 年相比：枯水期和消落期明显增加，荆江三口分流量增幅分别为 275.5%和 50.1%；汛期荆江三口各口门分流量均减少，荆江三口分流量减幅为 15.4%，蓄水期荆江三口分流量则增加 2.7%。

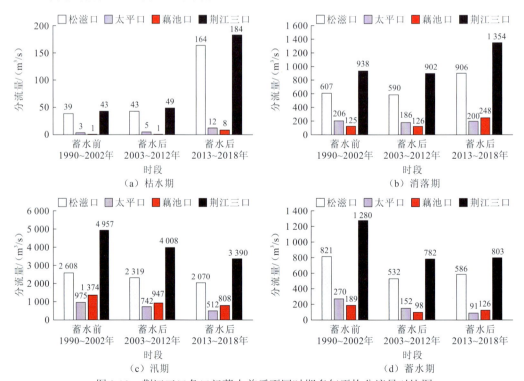

图 3.10　荆江三口各口门蓄水前后不同时期多年平均分流量对比图

表 3.5　荆江三口各口门蓄水前后不同时期分流量变化幅度　　　（单位：%）

各口门	枯水期变化幅度			消落期变化幅度		
	T1 较 T0	T2 较 T0	T2 较 T1	T1 较 T0	T2 较 T0	T2 较 T1
松滋口	10.3	320.5	281.4	-2.8	49.3	53.6
太平口	66.7	300.0	140.0	-9.7	-2.9	7.5
藕池口	0.0	700.0	700.0	0.8	98.4	96.8
荆江三口	14.0	327.9	275.5	-3.8	44.3	50.1

各口门	汛期变化幅度			蓄水期变化幅度		
	T1 较 T0	T2 较 T0	T2 较 T1	T1 较 T0	T2 较 T0	T2 较 T1
松滋口	-11.1	-20.6	-10.7	-35.2	-28.6	10.2
太平口	-23.9	-47.5	-31.0	-43.7	-66.3	-40.1
藕池口	-31.1	-41.2	-14.7	-48.1	-33.3	28.6
荆江三口	-19.1	-31.6	-15.4	-38.9	-37.3	2.7

注：T0：1990~2002 年；T1：2003~2012 年；T2：2013~2018 年。

由图 3.11 和表 3.6 可以看出：蓄水后 2003~2012 年与蓄水前 1990~2002 年相比，枯水期太平口、藕池口分流比明显增加，但松滋口分流比减幅为 2.8%，荆江三口分流比略有增大；消落期、汛期和蓄水期各口门分流比均有所下降，荆江三口分流比降幅分别约为 5.1%、10.9%和 26.8%。蓄水后 2013~2018 年与蓄水前 1990~2002 年相比，枯水期荆江三口分流比明显增加，荆江三口分流比增幅为 187.5%，消落期除太平口分流比减少外，其

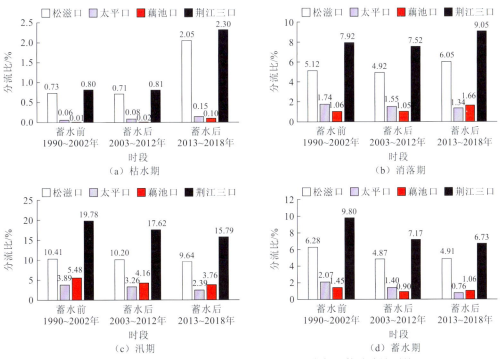

图 3.11　荆江三口各口门蓄水前后不同时期多年平均分流比对比

他两个口门分流比均增加，荆江三口分流比也有一定程度增加；而汛期和蓄水期荆江三口各口门分流比均明显减少，荆江三口分流比减幅分别为 20.2%和 31.3%。蓄水后 2013～2018 年分流比与 2003～2012 年相比，枯水期和消落期整体增加明显，荆江三口分流比增幅分别为 184.0%和 20.3%；汛期和蓄水期荆江三口各口门分流比整体呈减少趋势，荆江三口分流比减幅分别为 10.4%和 6.1%。

表3.6　荆江三口各口门蓄水前后不同时期分流比变化幅度　　　（单位：%）

各口门	枯水期变化幅度			消落期变化幅度		
	T1 较 T0	T2 较 T0	T2 较 T1	T1 较 T0	T2 较 T0	T2 较 T1
松滋口	-2.7	180.8	188.7	-3.9	18.2	23.0
太平口	33.3	150.0	87.5	-10.9	-23.0	-13.5
藕池口	100.0	900.0	400.0	-0.9	56.6	58.1
荆江三口	1.3	187.5	184.0	-5.1	14.3	20.3

各口门	汛期变化幅度			蓄水期变化幅度		
	T1 较 T0	T2 较 T0	T2 较 T1	T1 较 T0	T2 较 T0	T2 较 T1
松滋口	-2.0	-7.4	-5.5	-22.5	-21.8	0.8
太平口	-16.2	-38.6	-26.7	-32.4	-63.3	-45.7
藕池口	-24.1	-31.4	-9.6	-37.9	-26.9	17.8
荆江三口	-10.9	-20.2	-10.4	-26.8	-31.3	-6.1

注：T0：1990～2002 年；T1：2003～2012 年；T2：2013～2018 年。

3.4　断流特征及断流规律分析

3.4.1　不同时期断流特征分析

受荆江三口洪道淤积、长江干流来水丰枯波动变化影响，1956 年以来，荆江三口洪道出现断流（藕池河西支每年均有断流；藕池河东支 1960 年出现间歇性断流，1960 年末开始每年有断流；虎渡河自 20 世纪 70 年代中期开始每年出现断流；松滋河东支自 1974 年出现断流，且此后每年均有断流），荆江三口通流对应的枝城站来水量变大。考虑水文观测资料的统一性和观测成果的同步性，本小节采用荆江三口口门段断流发生时上游枝城站日均径流量作为评价参数，分析荆江三口洪道断流条件的变化特征。

荆江三口 5 个站点中，除了新江口站外，各站点均有断流发生，且断流时间长短也不同，有 60 天以上的长断流，也有小于 60 天的短断流。本书以 60 天为分界点划分长断流（>60 天）和短断流（≤60 天），分析荆江三口 4 个水文站不同时段出现长、短断流时间的年均累积天数及对应的枝城站流量。

1. 长断流特征分析

4 个水文站不同时段年均断流时间及对应的枝城站流量数据见图 3.12～图 3.19。

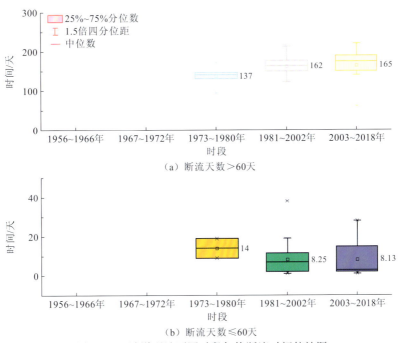

（a）断流天数＞60天

（b）断流天数≤60天

图 3.12　沙道观站不同时段年均断流时间统计图

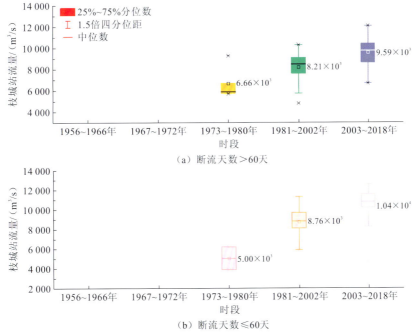

（a）断流天数＞60天

（b）断流天数≤60天

图 3.13　沙道观站不同时段断流对应的枝城站流量统计图

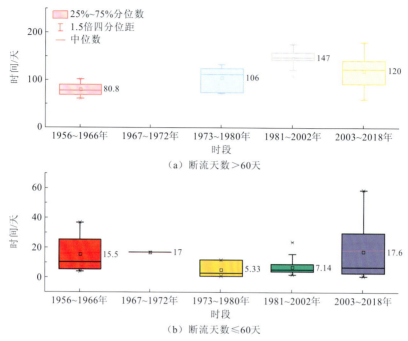

图 3.14　弥陀寺站不同时段年均断流时间统计图

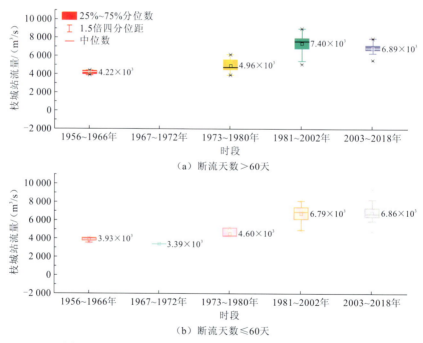

图 3.15　弥陀寺站不同时段断流对应的枝城站流量统计图

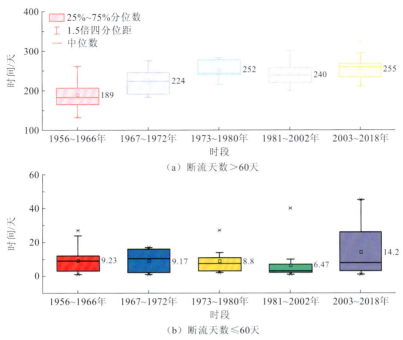

（a）断流天数＞60天

（b）断流天数≤60天

图 3.16　康家岗站不同时段年均断流时间统计图

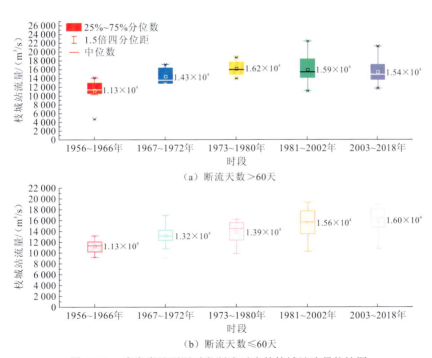

（a）断流天数＞60天

（b）断流天数≤60天

图 3.17　康家岗站不同时段断流对应的枝城站流量统计图

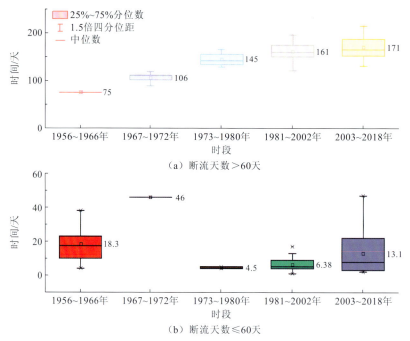

图 3.18　管家铺站不同时段年均断流时间统计图

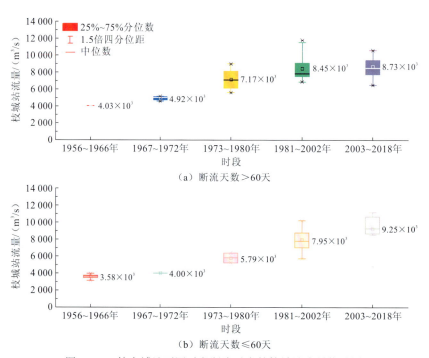

图 3.19　管家铺站不同时段断流对应的枝城站流量统计图

　　荆江三口各站点长断流天数变化情况见表 3.7（新江口站不参与统计）。表 3.7 统计结果表明：沙道观站、弥陀寺站在荆江裁弯后长断流天数迅速增加，康家岗站、管家铺站长断流天数略有增加。葛洲坝截流后至三峡水库蓄水运行前，各站点（康家岗站除外）大于 60 天断流天数均有一定程度增加。三峡水库蓄水运行后，沙道观站、康家岗站及管家铺站大于 60 天断流天数略有增加，弥陀寺站大于 60 天断流天数略有减少。长断流对应的枝城站断流和通流流量出现 3 种变化特征，沙道观站和管家铺站断流和通流流量不断增加；弥陀寺站断流流量先增加后减少，通流流量不断增加；康家岗站断流和通流流量则均出现先增大后减少的特征。

　　本小节统计了长断流情况下，4 个水文站不同时段断流开始时间、结束时间及对应的枝城站流量，成果见表 3.8、图 3.20～图 3.23。可以看出：沙道观站断流开始时间呈现出不断提前的趋势，在 1973～1980 年，沙道观站平均断流开始时间为 12 月 2 日，平均断流结束时间为 4 月 7 日，对应的枝城站平均断流流量为 6 660 m³/s；1981～2002 年，沙道观站平均断流开始时间较前一时段有所提前，为 11 月 20 日，平均断流结束时间有所延后，为 4 月 30 日，断流持续时间增加，对应的枝城站流量也显著增加，为 8 210 m³/s；在 2003～2018 年，平均断流开始时间进一步提前，为 11 月 5 日，平均断流结束时间有一定提前，为 4 月 18 日，对应的枝城站平均断流流量为 9 590 m³/s。从大于 60 天的长断流持续时间可以看出，1980 年以后较之前时段长断流持续时间增加明显，三峡水库建库前后持续时间变化不明显，沙道观站断流对应的枝城站流量一直处于增加的趋势。

　　弥陀寺站断流开始时间呈现出不断提前的趋势：在 1956～1980 年，平均断流开始时间为 1 月 10 日，平均断流结束时间为 4 月 10 日，对应枝城站平均断流流量为 4 520 m³/s；1981～2002 年，弥陀寺站平均断流开始时间较前一时段有所提前，为 11 月 20 日，平均断流结束时间有所延后，为 4 月 28 日，断流持续时间增加，对应的枝城站流量也显著增加，为 7 400 m³/s；在 2003～2018 年，平均断流开始时间进一步提前，为 11 月 16 日，平均断流结束时间有一定提前，为 4 月 12 日，对应的枝城站平均断流流量为 6 890 m³/s。从大于 60 天的长断流持续时间可以看出，1980 年以后较之前时段长断流持续时间增加明显，三峡水库建库前后持续时间变化不明显，弥陀寺站断流对应的枝城站流量呈先增加后减少的变化特征。

　　康家岗站断流开始时间在 2002 年后变化明显：在 1956～1980 年，康家岗站平均断流开始时间为 10 月 20 日，平均断流结束时间为 5 月 25 日，对应的枝城站平均断流流量为 13 600 m³/s；1981～2002 年，康家岗站平均断流开始时间为 10 月 23 日，平均断流结束时间有所延后，为 6 月 5 日，断流持续时间增加，对应的枝城站流量也显著增加，为 15 900 m³/s；在 2003～2018 年，平均断流开始时间提前，为 9 月 17 日，平均断流结束时间还维持在 6 月 5 日，对应的枝城站平均断流流量为 15 400 m³/s。

　　管家铺站断流开始时间呈现出不断提前的趋势：在 1956～1980 年，管家铺站平均断流开始时间为 11 月 28 日，平均断流结束时间为 4 月 23 日，对应的枝城站平均断流流量为 6 600 m³/s；1981～2002 年，管家铺站平均断流开始时间为 11 月 17 日，平均断流结束时间没有变化，断流持续时间增加，对应的枝城站流量也显著增加，为 8 450 m³/s；在 2003～2018 年，平均断流开始时间进一步提前，为 11 月 7 日，平均断流结束时间没有变化，对应的枝城站平均断流流量为 8 730 m³/s。

表 3.7　不同时段出现长断流的天数及对应的枝城站流量

水文站	时段	断流流量/(m³/s)			通流流量/(m³/s)			断流天数/天	发生频次/(次/a)
		最大值	最小值	平均值	最大值	最小值	平均值		
沙道观站	1956~1966 年	—	—	—	—	—	—	0	0.00
	1967~1972 年	—	—	—	—	—	—	0	0.00
	1973~1980 年	9 280	5 710	6 660	10 400	7 600	9 250	137	0.63
	1981~2002 年	10 300	4 800	8 210	14 000	5 360	9 920	162	1.00
	2003~2018 年	12 100	6 680	9 590	13 500	6 770	11 700	165	1.00
弥陀寺站	1956~1966 年	4 440	3 930	4 220	8 250	4 640	5 770	81	0.36
	1967~1972 年	—	—	—	—	—	—	0	0.00
	1973~1980 年	6 160	3 930	4 960	7 040	4 900	6 050	106	0.75
	1981~2002 年	9 010	5 020	7 400	9 340	4 880	7 780	147	1.00
	2003~2018 年	7 950	5 580	6 890	9 330	6 470	8 010	120	0.88
康家岗站	1956~1966 年	14 100	4 700	11 300	29 500	11 200	15 500	189	1.09
	1967~1972 年	17 100	12 800	14 300	20 300	14 900	17 300	224	1.00
	1973~1980 年	18 700	13 900	16 200	29 400	22 300	25 100	252	1.00
	1981~2002 年	22 400	11 100	15 900	32 800	13 800	20 200	240	1.00
	2003~2018 年	21 200	11 700	15 400	22 300	15 700	17 900	256	0.94
管家铺站	1956~1966 年	4 030	4 030	4 030	5 140	5 140	5 140	75	0.09
	1967~1972 年	5 160	4 590	4 920	8 660	5 840	6 770	110	0.83
	1973~1980 年	9 000	5 620	7 170	13 400	7 270	9 620	142	1.00
	1981~2002 年	11 800	6 900	8 450	12 900	8 480	10 100	161	1.00
	2003~2018 年	10 600	6 510	8 730	13 000	8 730	11 500	166	0.94

表 3.8　不同时段出现长断流时间特征统计

站点	时段	平均断流开始时间	平均断流结束时间	最早断流开始时间	最早断流结束时间	最晚断流开始时间	最晚断流结束时间
沙道观站	1976~1980 年	12 月 2 日	4 月 7 日	11 月 29 日	3 月 19 日	12 月 16 日	5 月 21 日
	1981~2002 年	11 月 20 日	4 月 30 日	10 月 15 日	4 月 7 日	12 月 15 日	5 月 30 日
	2003~2018 年	11 月 5 日	4 月 18 日	10 月 2 日	4 月 5 日	11 月 26 日	5 月 30 日
弥陀寺站	1956~1980 年	1 月 10 日	4 月 10 日	12 月 3 日	3 月 7 日	1 月 20 日	4 月 24 日
	1981~2002 年	11 月 20 日	4 月 28 日	11 月 6 日	4 月 2 日	12 月 24 日	5 月 7 日
	2003~2018 年	11 月 16 日	4 月 12 日	10 月 12 日	1 月 23 日	12 月 5 日	5 月 2 日
康家岗站	1956~1980 年	10 月 20 日	5 月 25 日	8 月 14 日	4 月 22 日	11 月 28 日	6 月 30 日
	1981~2002 年	10 月 23 日	6 月 5 日	8 月 26 日	5 月 14 日	11 月 6 日	7 月 4 日
	2003~2018 年	9 月 17 日	6 月 5 日	7 月 31 日	5 月 23 日	11 月 19 日	7 月 2 日
管家铺站	1956~1980 年	11 月 28 日	4 月 23 日	11 月 14 日	3 月 19 日	12 月 22 日	5 月 3 日
	1981~2002 年	11 月 17 日	4 月 23 日	10 月 29 日	4 月 8 日	12 月 14 日	5 月 14 日
	2003~2018 年	11 月 7 日	4 月 23 日	10 月 5 日	4 月 6 日	11 月 26 日	5 月 25 日

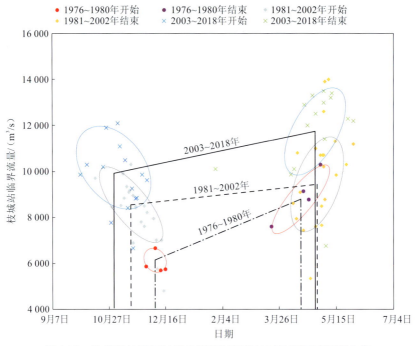

图 3.20　沙道观站不同时段长断流时间及枝城站流量特征变化图

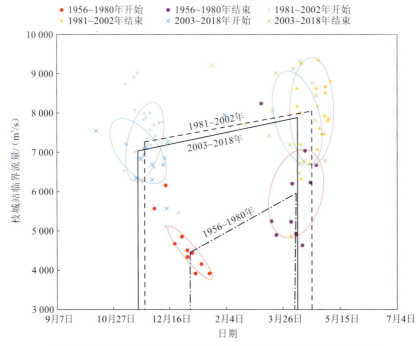

图 3.21　弥陀寺站不同时段长断流时间及枝城站流量特征变化图

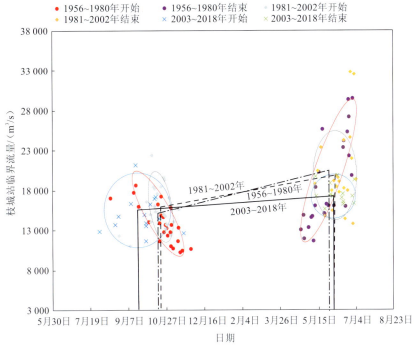

图 3.22　康家岗站不同时段长断流时间及枝城站流量特征变化图

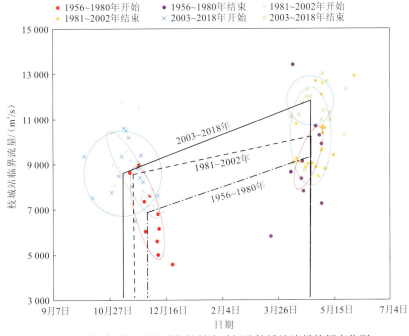

图 3.23　管家铺站不同时段长断流时间及枝城站流量特征变化图

2. 短断流特征分析

表 3.9 统计结果表明：荆江裁弯后，各个站点短断流天数变化不一，其中沙道观站略有增加，弥陀寺站略有减少，管家铺站大幅度减少，康家岗站变化不明显；葛洲坝截流后

表 3.9　不同时段出现短断流的天数及对应的枝城站流量

水文站	时段	断流流量/（m³/s）			通流流量/（m³/s）			断流天数/天	发生频次/（次/a）
		最大值	最小值	平均值	最大值	最小值	平均值		
沙道观站	1956~1966 年	—	—	—	—	—	—	0.00	0.00
	1967~1972 年	—	—	—	—	—	—	0.00	0.00
	1973~1980 年	6 180	3 820	5 000	9 650	7 640	8 650	14.00	0.25
	1981~2002 年	11 300	5 850	8 760	13 100	5 430	9 640	8.00	1.09
	2003~2018 年	12 600	4 720	10 400	14 400	10 500	11 900	8.00	1.44
弥陀寺站	1956~1966 年	4 090	3 570	3 930	4 480	3 990	4 340	16.00	0.36
	1967~1972 年	3 390	3 390	3 390	3 620	3 620	3 620	17.00	0.17
	1973~1980 年	5 220	4 250	4 600	6 320	4 320	5 080	5.00	0.38
	1981~2002 年	8 150	4 930	6 790	8 600	5 960	7 510	7.00	1.00
	2003~2018 年	9 390	4 790	6 860	10 100	5 180	7 830	18.00	1.25
康家岗站	1956~1966 年	13 200	9 210	11 300	23 500	12 100	14 700	9.20	2.00
	1967~1972 年	16 900	9 140	13 200	17 700	13 600	16 100	9.20	2.00
	1973~1980 年	16 300	9 880	13 900	23 700	13 100	18 800	9.00	1.25
	1981~2002 年	19 300	10 200	15 600	23 500	13 300	17 600	6.00	1.55
	2003~2018 年	19 000	10 700	16 000	24 600	15 300	20 000	14.00	1.19
管家铺站	1956~1966 年	3 940	3 120	3 580	6 290	3 550	4 520	18.30	0.55
	1967~1972 年	4 000	4 000	4 000	4 980	4 980	4 980	46.00	0.17
	1973~1980 年	6 370	5 220	5 800	8 380	8 170	8 280	4.50	0.25
	1981~2002 年	10 200	5 710	7 950	12 300	5 960	9 460	6.38	0.95
	2003~2018 年	11 200	4 790	9 250	15 100	10 200	11 700	13.10	0.69

至三峡水库蓄水前，各站点小于 60 天断流天数的变化幅度均较小。三峡水库蓄水运行后，沙道观站小于 60 天断流天数基本没有变化，其他 3 个站点小于 60 天断流天数略有增加。短断流对应的枝城站断流流量和通流流量基本呈增加趋势。

　　由于短断流出现时间较为零散，规律性不强，所以本次并未对短断流出现时间进行统计。

3.4.2　三峡水库蓄水后断流规律分析

　　荆江三口断流受到干流来水、口门水位、洪道水位及河道冲淤等多重因素的影响。绘制沙道观站、弥陀寺站、管家铺站及康家岗站 4 个站点三峡水库蓄水运行后（2003～2018 年）断流、通流时枝城站流量和枝城站与各站点水位差关系图，成果见图 3.24～图 3.31。

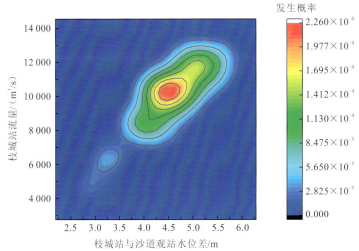

图 3.24　断流时枝城站流量和枝城站与沙道观站水位差关系图

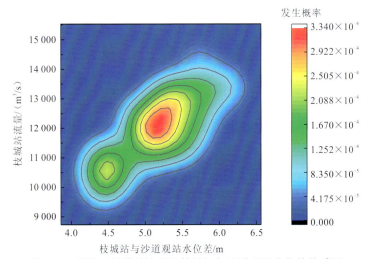

图 3.25　通流时枝城站流量和枝城站与沙道观站水位差关系图

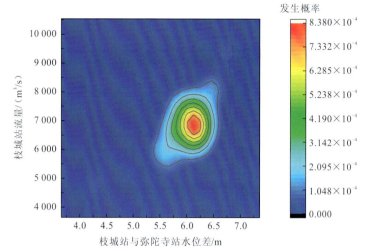

图 3.26　断流时枝城站流量和枝城站与弥陀寺站水位差关系图

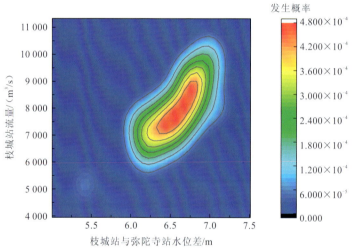

图 3.27　通流时枝城站流量和枝城站与弥陀寺站水位差关系图

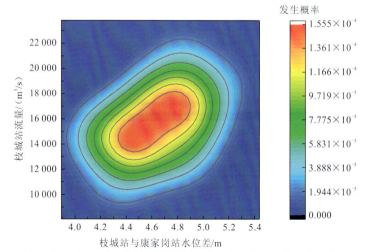

图 3.28　断流时枝城站流量和枝城站与康家岗站水位差关系图

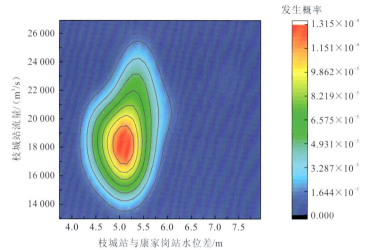

图 3.29　通流时枝城站流量和枝城站与康家岗站水位差关系图

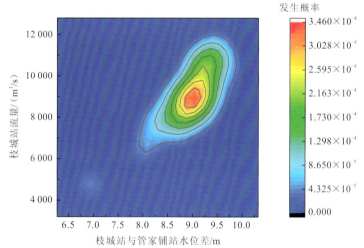

图 3.30　断流时枝城站流量和枝城站与管家铺站水位差关系图

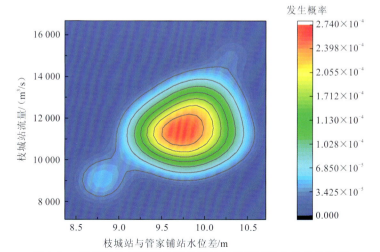

图 3.31　通流时枝城站流量和枝城站与管家铺站水位差关系图

通过枝城站和荆南四河各站点水位差可以初步估算出各站点断流和通流时枝城站对应的流量。由于断流和通流受到多重因素的影响，通流和断流对应的枝城站流量为大范围分布，从图 3.24～图 3.31 中也可以看出，等值线图中外层线距离中心点的长短决定了枝城站流量分布范围的大小，康家岗站断流和通流对应的枝城站流量分布范围较广，反映了该站点受到多重因素的影响，蓄水后各年份各站点断流和通流时枝城站对应的流量变幅较大。

本次利用经验概率计算出发生概率最大时对应的枝城站流量，具体数据见表 3.10。该经验关系可为三峡水库蓄水期优化调度提供一定的技术参考，实际断流和通流对应的枝城站流量还需要预报和实时监测数据进一步修正。

表 3.10　荆江三口各站点断流和通流时枝城站对应的流量以及与枝城站水位差表

沙道观站				弥陀寺站				康家岗站				管家铺站			
水位差 /m	断流流量 /(m³/s)	水位差 /m	通流流量 /(m³/s)	水位差 /m	断流流量 /(m³/s)	水位差 /m	通流流量 /(m³/s)	水位差 /m	断流流量 /(m³/s)	水位差 /m	通流流量 /(m³/s)	水位差 /m	断流流量 /(m³/s)	水位差 /m	通流流量 /(m³/s)
3.0	6 070	4.3	10 400	5.5	5 940	6.2	6 890	4.0	12 600	4.4	17 400	8.0	6 580	9.4	11 100
3.2	6 580	4.5	10 800	5.7	6 290	6.4	7 460	4.2	13 600	4.6	17 800	8.2	7 090	9.6	11 400
3.4	7 100	4.7	11 100	5.9	6 630	6.6	8 030	4.4	14 500	4.8	18 300	8.4	7 600	9.8	11 700
3.6	7 620	4.9	11 500	6.1	6 980	6.8	8 600	4.6	15 500	5.0	18 700	8.6	8 110	10.0	11 900
3.8	8 140	5.1	11 900	6.3	7 320	7.0	9 180	4.8	16 500	5.2	19 100	8.8	8 630	10.2	12 200
4.0	8 660	5.3	12 200	6.5	7 670			5.0	17 500			9.0	9 140		—
4.2	9 170	5.5	12 600	—	—	—	—					9.2	9 650		
4.4	9 690	5.7	13 000									9.4	10 200		
4.6	10 200	5.9	13 300									9.6	10 700		
4.8	10 700	6.1	13 700												
5.0	11 200	6.3	14 100												
5.2	11 800	—	—												
5.4	12 300														

3.5　荆江三口分流分沙情势变化

20 世纪 50 年代以来，荆江河段先后经历了下荆江裁弯，上游河段兴建葛洲坝水利枢纽工程、三峡水利枢纽工程等重大水利事件，考虑上述事件对荆江三口（调弦口已建闸控制）分流、分沙变化产生了不同程度的影响，为便于分析研究荆江三口分流、分沙变化的规律，把 1956 年以来的人类重大水利活动划分为以下 6 个时间段。

第一阶段：1956～1966 年（下荆江裁弯以前）。第二阶段：1967～1972 年（下荆江中洲子、上车湾、沙滩子裁弯期）。第三阶段：1973～1980 年（下荆江裁弯后至葛洲坝截流前）。第四阶段：1981～1989 年（葛洲坝截流后）。第五阶段：1990～2002 年（三峡水库蓄水运行前）。第六阶段：2003 年之后（三峡水库蓄水运行后）。

根据 1956～2018 年资料统计荆江三口各时段分流量、分流比变化情况（表 3.11），统计结果表明：1956～2002 年，荆江三口分时段年平均分流量由第一阶段的 1 331.6 亿 m³ 减少到第五阶段的 639.9 亿 m³，分流比由 29.5%减小到 14.8%。1956 年以来，荆江三口分流衰减速度最快发生在下荆江裁弯期，藕池口分流衰减幅度最大（藕池口第三阶段分流比仅为第一阶段的 39.72%）；而松滋口、太平口分流则处于持续慢速减小中。三峡水库蓄水运行后，第六阶段较第五阶段，荆江三口总分流量与分流比均有所减小；三峡水库蓄水运行以来荆江三口分流量有所减小，但其分流比减小幅度不大。

表 3.11　荆江三口各时段分流量、分流比变化统计表

| 时段 | 枝城站 | 松滋口 | | | | 太平口 | | 藕池口 | | | | 荆江三口合计 | |
		新江口站/亿 m³	沙道观站/亿 m³	合计/亿 m³	分流比/%	弥陀寺站/亿 m³	分流比/%	康家岗站/亿 m³	管家铺站/亿 m³	合计/亿 m³	分流比/%	分流量/亿 m³	分流比/%
1956～1966 年	4 515	322.6	162.5	485.1	10.7	209.7	4.6	48.8	588	636.8	14.1	1 331.6	29.5
1967～1972 年	4 302	321.5	123.9	445.4	10.4	185.8	4.3	21.4	368.8	390.2	9.1	1 021.4	23.7
1973～1980 年	4 441	322.7	104.8	427.5	9.6	159.7	3.6	11.3	235.6	246.9	5.6	834.3	18.8
1981～1989 年	4 569	320.5	83.0	403.5	8.8	145.0	3.2	12.1	203.3	215.4	4.7	763.9	16.7
1990～2002 年	4 320	271.9	80.5	352.4	8.2	123.0	2.8	8.7	155.8	164.5	3.8	639.9	14.8
2003～2018 年	4 157	240.7	52.9	293.6	7.1	82.3	2.0	3.6	101.8	105.4	2.5	481.3	11.6

根据 1956～2018 年资料统计荆江三口各时段分沙量、分沙比变化情况（表 3.12），统计结果表明：1956～2018 年，枝城站第六阶段年均来沙量相比第一阶段大幅度减小，减小幅度达到 92.2%，而同期荆江三口分沙量由第一阶段的 19 620 万 t 减少到第六阶段的 866 万 t，减少幅度达到 95.6%。

表 3.12　荆江三口各时段分沙量、分沙比变化统计表

| 时段 | 枝城站 | 松滋口 | | | | 太平口 | | 藕池口 | | | | 荆江三口合计 | |
		新江口站/万 t	沙道观站/万 t	合计/万 t	分沙比/%	弥陀寺站/万 t	分沙比/%	康家岗站/万 t	管家铺站/万 t	合计/万 t	分沙比/%	分沙量/万 t	分沙比/%
1956～1966 年	55 300	3 450	1 900	5 350	9.7	2 400	4.3	1 070	10 800	11 870	21.5	19 620	35.5
1967～1972 年	50 400	3 330	1 510	4 840	9.6	2 130	4.2	460	6 760	7 220	14.3	14 190	28.2
1973～1980 年	51 300	3 420	1 290	4 710	9.2	1 940	3.8	220	4 220	4 440	8.7	11 090	21.6
1981～1989 年	57 879	3 972	1 169	5 141	8.9	1 933	3.3	244	3 724	3 968	6.9	11 042	19.1
1990～2002 年	41 199	2 828	943	3 771	9.2	1 377	3.3	123	2 463	2 586	6.3	7 734	18.8
2003～2018 年	4 329	360	107	467	10.8	119	2.7	11	269	280	6.5	866	20.0

三峡水库蓄水运行之前的五个阶段，松滋口、太平口、藕池口分沙比基本表现为沿时段减小，其中藕池口减小幅度较大，下荆江裁弯期至葛洲坝截流前，藕池口分沙量、分沙比减小速度较快。三峡水库自 2003 年蓄水运行以来，除太平口分沙比继续减小以外，松滋口、藕池口分沙比相比第五阶段则有所增大，其中松滋口分沙比增幅较大。

根据实测资料统计分析荆江三口年平均分流比、分沙比与年径流量、分沙量的变化，统计结果如图 3.32、图 3.33 所示。

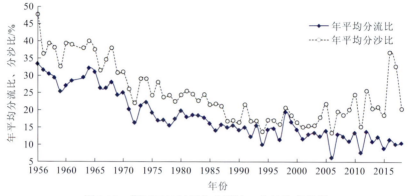

图 3.32　荆江三口年平均分流比、分沙比变化图

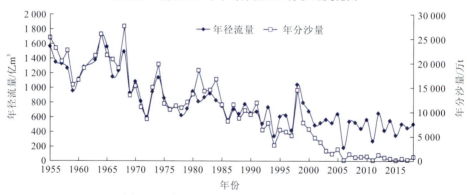

图 3.33　荆江三口年径流量、分沙量变化图

受下荆江 3 次裁弯和洞庭湖区淤积等影响，在 1956～1989 年荆江三口年平均分流比、分沙比均呈递减趋势，而在 1990～2002 年荆江三口年平均分流比、分沙比变化不大，三峡水库蓄水运行后除 2006 年、2011 年为特殊枯水年，荆江三口年平均分流比减小幅度较大外，其他年份荆江三口年平均分流比略有减小，但未出现趋势性变化，受河道沿程泥沙补给的影响，荆江三口年平均分沙比呈增加趋势。

在 1956～1989 年荆江三口年径流量、分沙量呈递减趋势；受长江上游干支流水库建设和水土保持工程陆续实施的影响，在 1990～2002 年进入荆江河段的泥沙量呈递减趋势，相应地荆江三口分沙量也呈递减趋势，但荆江三口分流量无明显变化趋势；2003 年三峡水库蓄水后荆江三口径流量除 2006 年、2011 年特枯年减少幅度较大之外，其他年份荆江三口径流量略有减小，也未出现趋势性的变化，而荆江三口分沙量进一步大幅度减少，进入荆江三口的水流基本接近于"清水"，2003～2018 年荆江三口年分沙量仅为 866 万 t，仅为 1999～2002 年荆江三口年分沙量的 11.2%。

第4章

新水沙条件下荆南四河洪道冲淤及河势变化预测

本章构建江湖河网水沙数学模型，基于新水沙条件下三峡水库的出库水沙过程，预测新水沙条件下不同时段荆江三口洪道冲淤变化和荆江三口分流、分沙情况，针对松滋口、太平口和藕池口口门段进行河势演变预测研究。

4.1　荆南四河洪道冲淤预测

　　荆南四河洪道冲淤变化规律与荆江三口分流、分沙的变化密切相关。荆南四河洪道实测地形资料有 1952 年、1995 年、2003 年、2011 年、2017 年荆江三口洪道 1∶5 000 水道地形，其他年份均为固定断面资料，三峡水库蓄水运行后部分年份荆南四河洪道冲淤变化数值可能存在一定的误差，但仍能定性反映荆南四河的冲淤特性。本节采用江湖耦合的水沙数学模型，阐明三峡水库蓄水运行前后荆江三口洪道冲淤变化，定量预测三峡水库蓄水运行未来 30 年荆江三口河道冲淤量分布。

4.1.1　江湖河网水沙数学模型

1. 模型范围

　　江湖河网水沙数学模型的模拟范围为：长江干流宜昌至大通河段、荆江三口洪道、四水尾闾控制站以下河段及洞庭湖，区间汇入的主要支流为清江、汉江等。其中，荆江—洞庭湖河网结构见图 4.1。

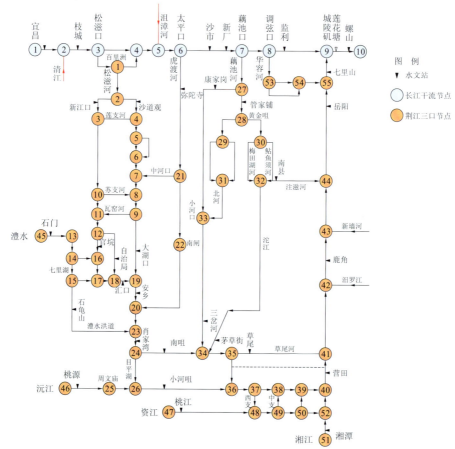

图 4.1　荆江—洞庭湖河网结构示意图

模型上边界宜昌站、澧水石门站、沅江桃源站、资江桃江站、湘江湘潭站给定流量和含沙量，下边界大通站给定水位-流量关系。

2. 模型原理

以长江中下游干流、荆江三口洪道和洞庭湖的复杂河网为对象，针对水域复杂的水沙运动特征，建立江湖河网水沙数学模型，用于长江中下游水沙变化、江湖冲淤及江湖关系变化趋势的预测研究。该模型既考虑长江上游来水来沙条件变化的影响，也考虑长江干流及荆江三口洪道发生冲淤变化对荆江三口分流量、分沙量变化的影响。

1）基本方程

流域江湖型河网都是由单一河道和水库（或湖泊）组合而成，因此，要研究河网的水流数学模型，首先要研究单一河道的数值模拟方法。一维河道水流运动可用圣维南方程组描述。水流连续方程：

$$\frac{\partial Q}{\partial x} + B\frac{\partial Z}{\partial t} = q_l \tag{4.1}$$

水流运动方程：

$$\frac{\partial Q}{\partial t} + \frac{\partial}{\partial x}\left(\alpha'\frac{Q'}{A'}\right) + gA'\frac{\partial Z}{\partial x} + gA'J_f = 0 \tag{4.2}$$

式中：Z 为水位；Q 为流量；A' 为过流面积；B 为水面宽度；g 为重力加速度；q_l 为单位流程上的侧向入流量，m^2/s；J_f 为水力坡度。其中，水位、流量是断面平均值，当水流漫滩时，平均流量与实际流量有差异，为了使水流漫滩后，计算断面过流能力逼近实际过水能力，需引进动量修正系数 α'，其数值由式（4.3）给定：

$$\alpha' = \frac{A'}{K^2}\sum_i \frac{K_i^2}{A_i} \tag{4.3}$$

式中：A_i 和 K_i 分别为断面第 i 部分的面积和流量模数；K 为流量模数。

悬移质不平衡输沙方程：

$$\frac{\partial(QS)}{\partial x} + \frac{\partial(A'S)}{\partial t} = -\alpha B\omega(S - S_*) \tag{4.4}$$

河床变形方程：

$$\gamma'\frac{\partial A_s}{\partial t} + \frac{\partial(A'S)}{\partial t} + \frac{\partial(QS)}{\partial x} = 0 \tag{4.5}$$

式中：S 和 S_* 分别为断面含沙量和水流挟沙量；ω 为泥沙沉速；A_s 为过流面积的变化。

2）河网水流三级解法

一维河网的算法研究至今，主要集中在如何降低节点系数矩阵的阶数，包括有二级解法、三级解法、四级解法和汊点分组解法等。目前对河网数学模型求解的主流算法为节点水位三级联合解法（将河网计算分为微段、河段和节点三级计算）。分级的思想是：先求关于节点的水位（或流量）的方程组，再求节点周围各断面的水位和流量，最后求各河段上其他断面的水位和流量。其中节点水位法使用较为普遍，效果也较好。在求得各微段水位-流量关系后，还要进行下面两步工作。

（1）推求河段首尾断面水位-流量的关系，公式如下。

$$\Delta Q(N_1) = r_{11}(N_2)\Delta Z(N_1) + r_{12}(N_2)\Delta Z(N_2) + r_{13}(N_2) \tag{4.6}$$

$$\Delta Q(N_2) = r_{21}(N_2)\Delta Z(N_1) + r_{22}(N_2)\Delta Z(N_2) + r_{23}(N_2) \tag{4.7}$$

式中：N_1、N_2 分别为首尾断面；r 为矩阵系数。

（2）形成河网矩阵并求解。

结合式（4.6）和式（4.7）及节点连接条件式，消去流量，得到河网节点方程组：

$$\boldsymbol{A} \times \Delta \boldsymbol{Z} = \boldsymbol{B}_l \tag{4.8}$$

式中：$\boldsymbol{A}$ 为系数矩阵，其各元素与递推关系的系数有关；$\Delta \boldsymbol{Z}$ 为节点水位增量；$\boldsymbol{B}_l$ 为各元素对应河网各河段的流量。通过求解方程组，结合定解条件，计算出各节点的水位增量，进而推求出所有河段各计算断面的流量和水位的增量。

3）河网泥沙三级解法

设某河段的首尾断面为 N_1、N_2，推导出各断面含沙量与首尾断面含沙量关系式。

结合式（4.8）及汊点连接条件，得到泥沙的河网节点方程组：

$$\boldsymbol{C} * \overline{S_0} = \boldsymbol{D} \tag{4.9}$$

式中：$\boldsymbol{C}$、$\boldsymbol{D}$ 分别为系数矩阵，其各元素与递推关系的系数、河网各河段的流量及其他流量（如边界条件、源汇等）、各河段的分流比等有关；$\overline{S_0}$ 为节点平均含沙量。通过求解方程组，结合定解条件，可以求出河网各节点的平均含沙量，然后通过分沙比系数 f_S 求得各河段首断面的含沙量，进而可以推求出各河段所有断面的含沙量。

3. 模型的率定和验证

1）计算地形

计算起始地形：长江中下游干流采用 2011 年实测河道地形图；洞庭湖区采用 2011 年实测河道地形图（四水尾闾大部分河段为 1995 年断面资料）；鄱阳湖区采用 2011 年实测河道地形图。宜昌至大通河段全长约 1 123 km，计算断面 823 个，其中干流 714 个，支汊 109 个，平均间距 1.57 km；荆江三口洪道累计河长 1 714 km，计算断面 922 个，平均间距 0.93 km；东、南、西洞庭湖累计河长 295 km，计算断面 309 个，平均间距 0.96 km。

2）水文资料

采用 2011～2016 年实测水沙资料对模型进行水流和冲淤的率定和验证。长江干流进口水沙采用宜昌站相应时段的逐日流量、含沙量；干流主要支流清江、汉江等入汇水沙分别采用长阳站、仙桃站等站点相应时段的实测资料；洞庭湖四水入湖水沙分别采用澧水石门站、沅江桃源站、资江桃江站、湘江湘潭站相应时段的逐日流量、含沙量；出口边界采用大通站同时期水位过程。

3）水流验证成果

通过对 2011～2016 年实测资料的演算，得到干流河道粗糙系数的变化范围为 0.015～

0.040，荆江三口洪道和湖区粗糙系数的变化范围为 0.025～0.050。这与长江中下游洪水演进粗糙系数分析的经验是相符的。部分验证成果见图 4.2。

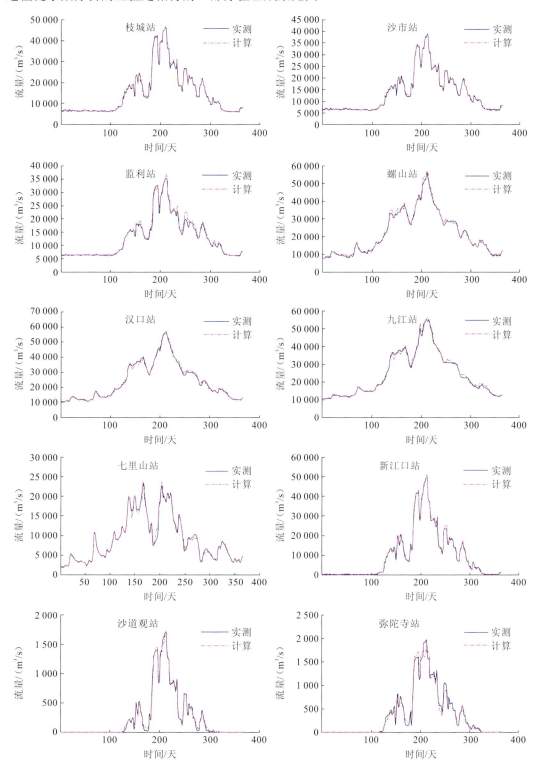

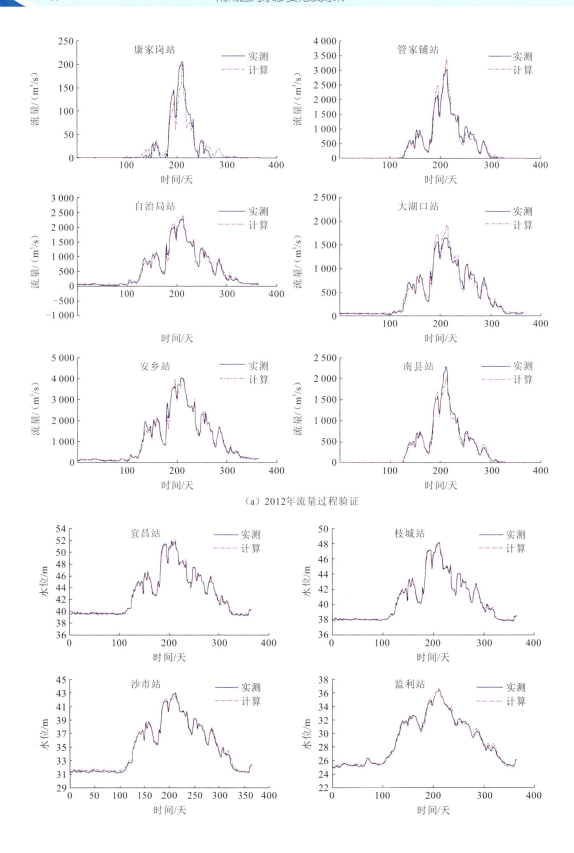

（a）2012年流量过程验证

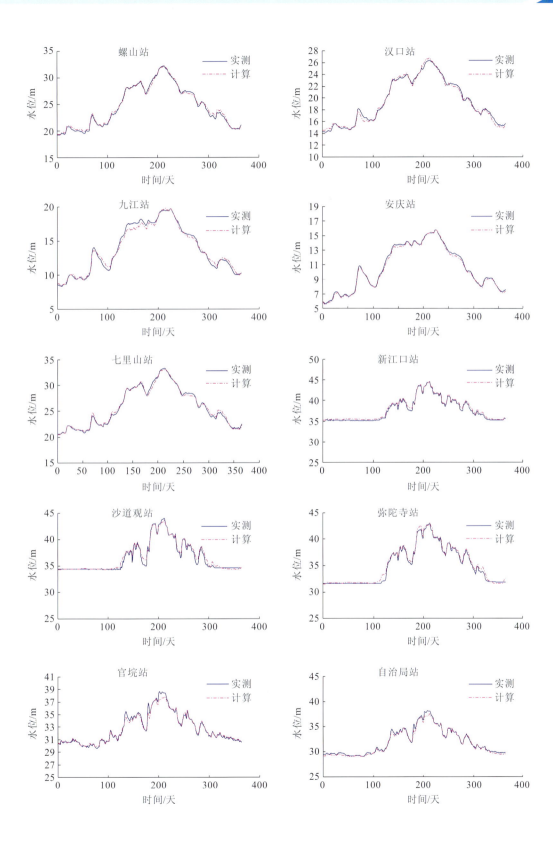

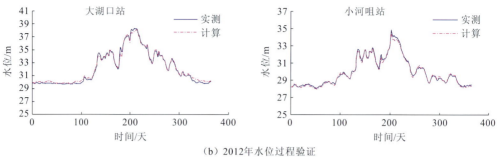

（b）2012年水位过程验证

图4.2　长江中下游河道流量及水位验证

由干流枝城站、沙市站、监利站、汉口站、九江站及洞庭湖区出口七里山站等站点的水位-流量关系、流量过程、水位过程验证结果可知，计算结果与实测过程能较好地吻合，峰谷对应，涨落一致，模型能适应长江干流丰、平、枯不同时期的流动特征。

由荆江三口洪道的新江口站、沙道观站、弥陀寺站、康家岗站、管家铺站等站点的水位-流量过程结果可知，计算分流量与实测分流量基本一致，可以反映洪季过流枯季断流的现象，能准确模拟出荆江三口河段的断流时间和过流流量，说明该模型能够较好地模拟出荆江三口的分流现象。

由上述分析可知，模型所选粗糙系数基本准确，计算结果与实测水流过程吻合较好，河网汊点流量分配准确，能够反映长江中下游干流河段、洞庭湖区复杂河网及各湖泊的主要流动特征，具有较高的精度，可用于长江中下游河道和湖泊水流特性的模拟。

4）冲淤验证成果

根据水利部长江水利委员会水文局实测资料统计：2011年10月～2016年11月，宜昌—湖口河段累计冲刷量为10.48亿m³。其中：宜昌—藕池口河段冲刷量为2.98亿m³；藕池口—城陵矶河段冲刷量为0.94亿m³；城陵矶—汉口河段冲刷量为3.76亿m³；汉口—湖口河段冲刷量为2.80亿m³。

采用该模型进行同时期的冲淤计算，结果表明（表4.1），2011年10月～2016年11月，宜昌—湖口河段冲刷量计算值为9.93亿m³，较实测值略小，相对误差-5.2%。其他各分段相对误差在20%以内。总体看来：本模型能较好地反映各河段的总体变化，各分段计算冲淤性质与实测一致，计算值与实测值的偏离尚在合理范围内。因此，利用本模型进行长江中下游干流河段的冲淤演变预测是可行的。

表4.1　长江干流冲淤验证表

河段	实测值/亿m³	计算值/亿m³	误差/%
宜昌—藕池口河段	-2.98	-2.78	-6.7
藕池口—城陵矶河段	-0.94	-1.09	16.0
城陵矶—汉口河段	-3.76	-3.41	-9.3
汉口—湖口河段	-2.80	-2.65	-5.4
宜昌—湖口河段	-10.48	-9.93	-5.2

统计得出 2011～2016 年荆江三口洪道累计冲刷量为 9 865 万 m³，其中松滋河、虎渡河、藕池河、松虎洪道均表现为冲刷，冲刷量分别为 6 671 万 m³、546 万 m³、1 886 万 m³、762 万 m³。

经现场调查发现，在荆江三口洪道内，尤其是松滋河河道内存在大量的采砂活动，其中进口段在 2011～2016 年受人类采砂活动影响，断面大幅下切，2011～2016 年松 03～松 8 断面采砂影响量约为 2 654 万 m³，若扣除采砂影响，松滋河洪道内的河道冲刷量为 4 017 万 m³。在模型验证过程中应考虑扣除部分冲刷量。

经冲淤验证计算，2011～2016 年荆江三口洪道冲刷量计算值为 6 409 万 m³，比实测值少 11.1%。其中，各河段冲刷量计算值相对偏小，但总体都在规范要求范围内。

从表 4.2 可以看出：本模型能较好地反映各河段的总体变化，计算值与实测值的偏离尚在合理范围内。因此，利用本模型进行长江中下游江湖冲淤演变的预测是可行的。

表 4.2　荆江三口洪道冲淤验证表

河段	实测值/万 m³	实测值（扣采砂后）/万 m³	计算值/万 m³	误差/%
松滋河	−6 671	−4 017	−3 455	−14.0
虎渡河	−546	−546	−502	−8.1
藕池河	−1 886	−1 886	−1 754	−7.0
松虎洪道	−762	−762	−698	−8.4
荆江三口总计	−9 865	−7 211	−6 409	−11.1

4. 预测计算条件

1）水沙系列年

三峡水库蓄水运行后长江中下游河道的冲淤预测工作一直在持续开展，从三峡水库初步设计阶段开始，根据三峡水库及其上游水库的建设与运行进程进行了不同条件的预测。同时，考虑各时段各阶段的河道来水来沙情况，先后采用 1961～1970 年实测系列、1991～2000 年实测系列，以及考虑上游控制性水库群的 1991～2000 年水沙系列开展了三峡水库及其上游水库的泥沙淤积及坝下游河道冲刷的相关研究。

宜昌站是长江中下游干流来水来沙的主要控制站，汉江、洞庭湖四水、鄱阳湖五河等较大的支流也是进入干流河道的主要水沙来源，因此需要结合各干支流控制站的水沙特征，并考虑未来的变化趋势，综合比较选取长江中游江湖关系预测的典型系列年。

经比较，选择了 3 个典型系列年进行对比：①考虑上游梯级水库拦沙的 1991～2000 年水沙系列；②三峡水库蓄水运行初期的 2003～2012 年实测系列；③试验性蓄水以来的 2008～2017 年实测系列。

不同时段主要控制站的年均径流量和年均输沙量分别见表 4.3、表 4.4、图 4.3～图 4.6。

表 4.3　不同时段主要控制站年均径流量变化表　　　　（单位：亿 m³）

序号	类别	时段	宜昌站	汉江站	洞庭湖四水	荆江三口	七里山站	湖口站
1	蓄水前	2002 年以前	4 369	387	1 663	905	2 964	1 520
2	蓄水后	2003～2017 年	4 048	359	1 628	480	2 427	1 512
3	近年来	2013～2017 年	4 187	274	1 839	453	2 698	1 725
4	典型年 1	1991～2000 年	4 336	318	1 850	646	2 857	1 769
5	典型年 2	2003～2012 年	3 978	401	1 523	475	2 292	1 405
6	典型年 3	2008～2017 年	4 103	339	1 670	474	2 490	1 563

表 4.4　不同时段主要控制站的年均输沙量变化表　　　　（单位：万 t）

序号	类别	时段	宜昌站	汉江站	洞庭湖四水	荆江三口	七里山站	湖口站
1	蓄水前	2002 年以前	49 200	2 150	2 680	12 340	3 950	945
2	蓄水后	2003～2017 年	3 583	1 207	863	848	1 913	1 171
3	近年来	2013～2017 年	1 098	403	905	352	2 335	1 037
4	典型年 1	1991～2000 年	41 722	1 357	2 062	7 525	2 657	648
5	典型年 2	2003～2012 年	4 825	1 609	842	1 079	1 702	1 239
6	典型年 3	2008～2017 年	2 036	839	777	564	2 129	1 025

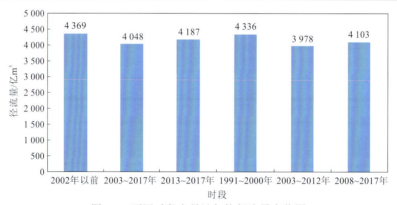

图 4.3　不同时段宜昌站年均径流量变化图

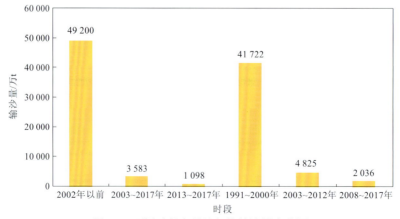

图 4.4　不同时段宜昌站年均输沙量变化图

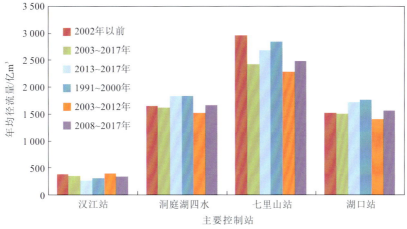

图 4.5　不同时段主要支流年均径流量变化图

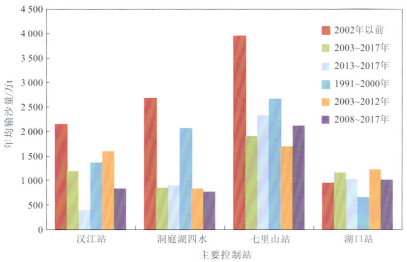

图 4.6　不同时段主要支流年均输沙量变化图

　　宜昌站 2002 年以前年均径流量为 4 369 亿 m³，多年平均输沙量为 49 200 万 t。三峡水库蓄水运行的 2003 年之后，受长江上游干支流来水来沙大幅减少等影响，三峡水库入库的年均径流量、年均输沙量均有所减少，进而导致长江中下游来沙量呈明显减少趋势，随着三峡水库上游梯级水库群的逐步建成运行，三峡水库入、出库泥沙在一定时期内总体呈减少趋势。

　　从径流量变化趋势来看，三峡水库蓄水运行以来宜昌站径流量略有减少，2003～2017 年年均径流量为 4 048 亿 m³，相对 2002 年以前减少了 7.3%。3 个典型系列年 1991～2000 年、2003～2012 年、2008～2017 年的年均径流量差别不大，分别为 4 336 亿 m³、3 978 亿 m³、4 103 亿 m³，相对 2002 年以前分别减少 0.8%、8.9%、6.1%。

　　从输沙量变化趋势来看，2002 年以前，宜昌站年均输沙量为 49 200 万 t。三峡水库蓄水运行以来宜昌站输沙量大幅减少，2003～2017 年年均输沙量为 3 583 万 t，相对 2002 年以前减少了 92.7%；2008 年试验性蓄水以后输沙量减少更多，2008～2017 年年均输沙量为 2 036 万 t，相对 2002 年以前减少了 95.9%。

3 个典型系列年中，实测典型系列年 1991～2000 年的年均输沙量相对较大，为 41 722 万 t，与 2002 年以前年均输沙量差别不大，减少约 15.2%。若在 1991～2000 年实测系列基础上考虑三峡水库等 30 座上游控制性水库拦沙作用后 40 年内宜昌站输沙量为 1 900 万～2 600 万 t，小于 2003～2012 年实测序列输沙量（4 825 万 t），与 2008～2017 年实测序列输沙量（2 036 万 t）接近。

从其他主要支流变化情况来看：不同时段各支流来水来沙情况有所不同，总体来说，三峡水库蓄水运行以来，尤其是近几年，汉江站、洞庭湖四水、七里山站的输沙量呈减少趋势。

本书主要关注近年来的冲淤预测成果，属于中短期预测，宜按照近期来水来沙趋势选择典型系列年进行模拟。考虑上游水库拦沙后的 1991～2000 年水沙系列与 2008～2017 年实测水沙系列相近，可作为江湖冲淤中短期预测计算的典型系列年。

2）长江上游梯级水库拦沙

采用 1991～2000 年水沙系列进行研究时，需要考虑长江上游梯级水库拦沙影响。本书主要考虑金沙江中下游干流及雅砻江、岷江、嘉陵江、乌江等支流上的 30 座水库。根据水库建成运行时间，研究过程中考虑以下两个阶段。

（1）2022 年之前，考虑长江上游的梨园水库、阿海水库、金安桥水库、龙开口水库、鲁地拉水库、观音岩水库、溪洛渡水库、向家坝水库、三峡水库 9 座水库，雅砻江梯级锦屏一级水库、二滩水库 2 座水库，岷江梯级瀑布沟水库、紫坪铺水库 2 座水库，嘉陵江梯级宝珠寺水库、亭子口水库、草街水库 3 座水库，乌江梯级引子渡水库、洪家渡水库、东风水库、索风营水库、乌江渡水库、构皮滩水库、思林水库、沙沱水库、彭水水库、银盘水库 10 座水库，共计 26 座水库。

（2）2022 年之后，在上述水库基础上，再考虑乌东德水库、白鹤滩水库、雅砻江的两河口水库、岷江的双江口水库 4 座水库。

根据相关研究成果，基于 1991～2000 年水沙系列，考虑上述 30 座水库运行后，三峡水库出库泥沙量变化见表 4.5。

表 4.5　上游水库拦沙后三峡水库年均出库泥沙量变化表（基于 1991～2000 年水沙系列）

时间	出库泥沙量/万 t
10 年	1 930
20 年	1 904
30 年	2 295
40 年	2 691

根据实测资料，1991～2000 年水沙系列年均径流量为 4 336 亿 m³、年均输沙量为 41 722 万 t。考虑上游梯级水库群联合运行后三峡水库出库泥沙量大幅减少，其中前 10 年年均出库泥沙量为 1 930 万 t，随着梯级水库运行年限的增长，各水库出库泥沙量逐渐恢复，同时由于从 2022 年起乌东德水库、白鹤滩水库、雅砻江的两河口水库、岷江的双江口水库 4 座水库投入运行，总体来看梯级水库群联合运行后的第 2 个 10 年出库泥沙量

略有减少。之后出库泥沙量逐渐增加，前 40 年总体年均出库泥沙量为 1 930 万～2 691 万 t。

3）洞庭湖四水水库拦沙

根据实测资料，1991～2000 年洞庭湖四水控制站实测年均径流量为 1 850 亿 m³，分别比 2003～2017 年（1 628 亿 m³）、2008～2017 年（1 670 亿 m³）增大 13.6%、10.8%；实测年均输沙量为 2 062 万 t，分别比 2003～2017 年（863 万 t）、2008～2017（777 万 t）增大 138.9%、165.4%。由此看来，近年来洞庭湖四水的径流量和泥沙量均有所减少。

为了反映未来的水沙变化趋势，本次在 1991～2000 年水沙系列基础上考虑洞庭湖四水流域上已建、拟建控制性水库的拦沙作用。澧水梯级水库包括江垭水库、皂市水库和宜冲桥水库；沅江梯级水库包括凤滩水库、五强溪水库；资江梯级水库包括柘溪水库、金塘冲水库；湘江梯级水库包括双牌水库、东江水库。

采用经验模型，在 1991～2000 年水沙系列基础上，计算出各水系控制性水库运行后的年均输沙量。未来 40 年，澧水、沅江、资江和湘江的年均来沙量分别为：139 万～175 万 t、147 万～216 万 t、79 万～83 万 t 和 522 万～564 万 t，即洞庭湖四水来沙量为 887 万～1 038 万 t/a，水库拦沙后洞庭湖四水年均输沙量变化（1991～2000 年水沙系列），见图 4.7。

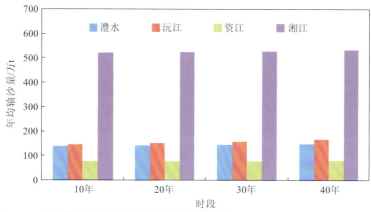

图 4.7　水库拦沙后洞庭湖四水年均输沙量变化（1991～2000 年水沙系列）

4）地形资料

各区域河道计算起始地形分别为：干流宜昌至大通河段采用 2016 年 11 月实测河道地形；松滋口口门段及松西河采用 2016 年 11 月实测地形，太平口及藕池口口门段采用 2015 年 12 月实测地形，其他洪道及洞庭湖区采用 2011 年实测地形，四水尾闾采用 1995 年实测断面。

4.1.2　河床冲淤预测

1. 1991～2000 年水库拦沙系列成果

三峡水库及其上游水库蓄水运行后，随着长江干流河床冲刷发展，以及荆江三口口门水位降低，进入荆江三口河道的水沙有所减少。由于受河床边界条件的约束，干流河道沿程冲刷程度及水位下降幅度不同，进入荆江三口的水沙也不尽相同，其荆江三口河道冲淤情况各异。预测表明：在 1991～2000 年水沙系列条件下，三峡水库及其上游水库蓄水运行后，荆江三口洪道总体呈冲刷趋势。40 年后，荆江三口河道累计冲刷量为 18 953 万 m³（表 4.6）。

表 4.6　荆江三口洪道及洞庭湖冲淤量变化表

河段	实测值（平滩河槽）/万 m³			预测值/万 m³			
	2003～2011 年	2011～2016 年	2003～2016 年	10 年	20 年	30 年	40 年
松滋河	-2 538	-6 974	-9 512	-4 073	-6 729	-7 646	-7 975
虎渡河	-985	-421	-1 406	-993	-1 745	-2 148	-2 344
藕池河	-994	-1 978	-2 972	-1 406	-3 160	-4 567	-5 314
松虎洪道	-715	-1 062	-1 777	-1 343	-2 509	-2 977	-3 320
荆江三口总计	-5 232	-10 435	-15 667	-7 815	-14 143	-17 338	-18 953
四水尾闾及洞庭湖区	—	—	—	9 333	7 557	4 458	-7 735

注：实测冲淤量包含采砂量；据水文分析，2012～2016 年松滋口口门段采砂量为 2 654 万 m³。

松滋河分流道统计范围：进口—松滋口口门段（松滋河与长江干流相交处），出口—松滋河西支分汊口、松滋河与虎渡河汇合处。三峡水库及其上游水库蓄水运行后，松滋口分沙量比蓄水前大幅度减少。受此影响，松滋河分流道在三峡水库及其上游水库蓄水运行后河床以冲刷为主。三峡水库及其上游水库蓄水运行 20 年、40 年后，分流道累计冲刷量分别为 6 729 万 m³、7 975 万 m³。

虎渡河分流道统计范围：进口—太平口口门段（虎渡河与长江干流相交处），出口—松滋河与虎渡河汇合处。上游水库蓄水运行后，虎渡河水系呈轻微冲刷趋势，但冲刷量不大。20 年、40 年后，虎渡河冲刷量分别为 1 745 万 m³、2 344 万 m³。

藕池河分流道统计范围：进口—藕池口口门段（藕池河与长江干流相交处），出口—注滋口处。上游水库蓄水运行后，藕池河分流道呈冲刷的趋势，但冲刷量不大。20 年、40 年后，该分流道冲刷量分别为 3 160 万 m³、5 314 万 m³。

从各水系沿程分布情况来看，松滋河的冲刷主要集中在松滋口口门段、松滋河西支的大口—瓦窑段、松滋河东支的大口—中河口段及苏支河；虎渡河和藕池河冲刷主要集中在口门段。

三峡水库及其上游水库蓄水运行后，干流来沙量相应减少，加上干流河床冲刷、水位下降，导致荆江三口分流量、分沙量进一步减少，进入洞庭湖区的泥沙量相应减少，经湖区调蓄后，湖区仍以淤积为主，但淤积量大为减少，湖区泥沙沉积率降低。20 年后，四水尾闾及洞庭湖区累计淤积量为 7 557 万 m³，平均年淤积量为 377.85 万 m³；之后，四水尾闾持续冲刷，受干流河道冲刷下切影响，东洞庭湖逐渐转为冲刷，因此四水尾闾及洞庭湖区的累计淤积量逐渐减少，水库运行 40 年后，四水尾闾及洞庭湖区冲刷量为 7 735 万 m³。

从荆江三口洪道及洞庭湖的全湖区淤积量来看：水库运行的 10 年，全湖区总淤积量为 1 518 万 m³；随着荆江三口洪道冲刷加剧、湖区泥沙淤积减少，局部区域出现冲刷，导致全湖区淤积量减少甚至总体表现为冲刷。水库运行 40 年后，全湖区总体呈冲刷状态，总冲刷量为 26 688 万 m³。

2. 2008～2017 年实测系列

不同来沙条件下荆江三口洪道冲淤变化见表 4.7。

表 4.7　不同来沙条件下荆江三口洪道冲淤变化　　　（单位：万 m³）

河段	20 年		40 年	
	1991～2000 年拦沙系列	2008～2017 年实测系列	1991～2000 年拦沙系列	2008～2017 年实测系列
松滋河	-6 729	-3 120	-7 975	-4 220
虎渡河	-1 745	-392	-2 344	-700
松虎洪道	-3 160	-942	-5 314	-1 734
藕池河	-2 509	-1 072	-3 320	-1 667
荆江三口合计	-14 143	-5 526	-18 953	-8 321
四水尾闾及洞庭湖区	7 557	-889	-7 735	-3 457

注：冲淤量是冲刷量和淤积量的总称，表中负值表示冲刷量，正值表示淤积量。

从荆江三口洪道冲淤变化来看，不同方案下冲淤趋势基本一致，但冲淤量有所不同，未来 40 年后，与 1991～2000 年拦沙系列相比，2008～2017 年实测系列荆江三口洪道冲刷量减少 56%。

但是 1991～2000 年拦沙系列、2008～2017 年实测系列计算出来的四水尾闾及洞庭湖区冲淤特性有所不同。20 年后，前者呈淤积状态，后者呈冲刷状态；40 年末，两者均表现为冲刷状态。分析其主要原因，是两个系列的洞庭湖四水来沙条件有所不同，2008～2017 年实测系列洞庭湖四水年均冲淤量为 777 万 t，而 1991～2000 年系列尽管考虑水库拦沙影响，其年均来沙量为 887 万～1 038 万 t，相对 2008～2017 年仍然偏大 14%～34%；另外，在前者条件下，荆江三口洪道冲刷量相对较大，泥沙逐渐向下输移沉积到湖区，因此 1991～2000 年拦沙系列条件下四水尾闾及洞庭湖区呈淤积趋势；之后，随着四水尾闾及洞庭湖区冲刷持续，以及受干流河道冲刷下切影响，洞庭湖区逐渐转为冲刷。

3. 与以往荆江三口洪道和洞庭湖区冲淤演变预测成果的对比分析

以往的不同研究阶段，开展过多次荆江三口洪道和洞庭湖区的冲淤演变的预测，但由于计算起始地形、来水来沙条件、水库调度方式、模型精度等不完全相同，所以预测成果在定量上有所不同，但总体变化趋势一致。选取上阶段《洞庭湖四口水系综合整治工程方案论证报告》中的预测成果和本次预测成果进行对比分析。荆江三口洪道及洞庭湖区预测成果对比见表 4.8。

表 4.8　荆江三口洪道及洞庭湖区预测成果对比

项目	河段		预测采用		实测值（2003～2016 年）
			洞庭湖四口水系综合整治工程方案论证	本书研究	
冲淤成果	荆江三口洪道/亿 m³	10 年	-0.085	-0.781 5	-1.566 7
		20 年	-0.673	-1.414 3	
		30 年	-1.209	-1.733 8	
	四水尾闾及洞庭湖区/亿 m³	10 年	1.152	0.933 3	—
		20 年	2.173	0.755 7	
		30 年	3.205	0.445 8	
验证计算条件	—		2002～2011 年宜昌至湖口河段	2011～2016 年宜昌至大通河段	—
预测计算条件	起始地形		2011 年长江干流地形，2011 年荆江三口洪道及洞庭湖区地形	2016 年长江干流地形，2016 年/2015 年/2011 年荆江三口洪道地形组合，2011 年洞庭湖区地形	—
	长江上游水库拦沙		在 1991～2000 年水沙系列基础上，考虑上游 15 座水库拦沙。拦沙后宜昌站年均来沙量为 4 300 万～4 900 万 t	在 1991～2000 年水沙系列基础上，考虑上游 30 座水库拦沙。拦沙后宜昌站年均来沙量为 1 900 万～1 930 万 t	—
	洞庭湖四水水库拦沙		只考虑澧水的水库拦沙，拦沙后洞庭湖四水合计来沙量为 1 931 万～1 947 万 t	只考虑湘江、资江、沅江、澧水的水库拦沙，拦沙后洞庭湖四水合计来沙量为 887 万～899 万 t	—

从荆江三口洪道冲淤变化趋势来看，两次预测的荆江三口洪道总体均呈冲刷趋势。30 年后冲刷量分别为 1.209 亿 m³、1.733 8 亿 m³，年均冲刷量分别为 0.040 3 亿 m³、0.057 8 亿 m³，由于后者考虑上游 30 座水库拦沙后宜昌站输沙量和含沙量相对大幅减少，导致荆江三口洪道冲刷量略有增加，但差别不大，成果总体合理。

从四水尾闾及洞庭湖区变化趋势来看，两次预测的四水尾闾及洞庭湖区前 30 年总体均表现为淤积，但是研究中四水尾闾及洞庭湖区淤积量相对前者有所减少。分析其原因主要与预测采用的计算条件有关：一是与计算采用的洞庭湖水系来沙量有关，本书研究中考虑了湘、资、沅、澧支流上的已建或拟建的控制性水库的拦沙作用，水库拦沙导致四水尾闾含沙量减少，四水尾闾河道更易发生冲刷，同时水库拦沙后进入洞庭湖区的泥沙量大幅减少（相对前者偏少54%，年均减少约 1 000 万 t），洞庭湖区淤积量相对会减少；二是与干流河道城陵矶地区河段发生的剧烈冲刷有关，本书采用新水沙系列后宜昌站来沙量大幅减少（相对前者偏少44%），导致干流河段冲刷增加，受干流河道冲刷下切影响，东洞庭湖水流和泥沙更易于出湖。因此随着四水尾闾河道的冲刷、洞庭湖区淤积量减少且局部区域发生冲刷，四水尾闾及洞庭湖区的累计淤积量逐渐减少。

总体来看，尽管预测计算条件等因素不同，关于荆江三口洪道及洞庭湖区的冲淤趋势预测是一致的，也与目前的实际冲淤规律一致，预测成果总体合理可信。

4.1.3　荆江三口分流分沙预测

1. 荆江三口年分流量

三峡水库及其上游水库蓄水运行后，清水下泄使坝下游河床发生长距离长时段的冲刷，中枯水流量下荆江河段水位不同程度下降，松滋口、太平口、藕池口三口分流分沙量也随着口门水位的降低而减少。由于荆江三口分别处在荆江河段的不同地理位置，河床组成及抗冲强度各异，所以荆江三口的分流量、分沙量变化不尽相同。另外，荆江三口分流洪道的冲淤对荆江三口分流、分沙变化也有一定的影响。

根据数学模型计算结果（表 4.9），三峡水库及其上游水库蓄水运行后，荆江三口分流量均呈减少趋势，梯级水库联合运行的前 10 年，荆江三口年平均分流量为 510.0 亿 m^3，分流比为 11.37%，与 1991～2000 年实测（简称蓄水前，下同）平均值 647.2 亿 m^3 相比，相对减少 21.20%；三峡水库及其上游水库运行 40 年末，荆江三口年平均分流量为 423.0 亿 m^3，分流比为 9.43%，与蓄水前相比减少 34.64%，分流比约减少 5.33%。

表 4.9　三峡水库及其上游水库蓄水运行后荆江三口年均分流变化预测

时段	分流量/亿 m^3				分流比/%			
	松滋口	太平口	藕池口	荆江三口合计	松滋口	太平口	藕池口	荆江三口合计
1991～2000 年实测	349.0	127.2	171.0	647.2	7.96	2.90	3.90	14.76
1～10 年	309 .0	89.0	112 .0	510.0	6.90	1.98	2.49	11.37
11～20 年	298.0	82.0	109.0	489.0	6.64	1.84	2.44	10.92
21～30 年	284.0	76.0	96.0	456.0	6.33	1.69	2.14	10.16
31～40 年	280.0	66.0	77.0	423.0	6.25	1.47	1.71	9.43

2. 荆江三口年分沙量

荆江三口年分沙量主要来自三峡水库出库的含沙量和坝下游河床冲刷补给，干流沿程含沙量的变化直接影响着荆江三口的含沙量变化。因此，荆江三口分沙量变化除受干流河床冲刷，水位降低影响外，还与分流量和口门处含沙量有关。

由表 4.10 可知，三峡水库及其上游水库蓄水运行后，荆江三口分沙量随着分流的迅速减少而减少。三峡水库运行 10 年，荆江三口年均分沙量为 372.0 万 t，与蓄水前年输沙量平均值 7 331.0 万 t 比，相对减少 94.9%；荆江三口分沙比为 20.46%，相对蓄水前的 17.71% 有所增加，主要是干流来沙减少导致枝城站来沙量相对减少 90% 以上，荆江三口分沙比相对蓄水前有所增加，但是随着运行时间增长，分沙比仍呈减小趋势。三峡水库运行 31～40 年，荆江三口年均分沙量为 320.0 万 t，减幅为 95.6%；分沙比也逐渐减小为 14.66%。

表 4.10　三峡水库及其上游水库蓄水运行后荆江三口年均分沙变化预测

时段	枝城站输沙量/万 t	分沙量/万 t				分沙比/%			
		松滋口	太平口	藕池口	荆江三口合计	松滋口	太平口	藕池口	荆江三口合计
2003~2012 年实测	5 845.0	591.0	159.5	376.3	1 126.8	10.11	2.73	6.44	19.28
1991~2000 年实测	41 389.0	3 610.0	1 335.0	2 386.0	7 331.0	8.72	3.23	5.76	17.71
1~10 年	1 817.0	184.0	52.0	136.0	372.0	10.14	2.84	7.48	20.46
11~20 年	1 914.0	192.0	42.0	118.0	352.0	10.03	2.21	6.15	18.39
21~30 年	1 986.0	191.0	38.0	107.0	336.0	9.62	1.90	5.39	16.91
31~40 年	2 186.0	190.0	27.0	103.0	320.0	8.70	1.24	4.72	14.66

需要指出的是：上述分流、分沙的变化一方面由三峡水库下泄水沙过程的变化产生；另一方面是干流及荆江三口河道冲淤产生的。总的来说，松滋口分流量减少不多，分沙量由初期减少较多到受自身河道冲刷影响逐步恢复，太平口、藕池口的分流量及分沙量减少较多。

4.2　荆江三口口门段河势变化预测

4.2.1　松滋口口门段河势变化预测

在新水沙系列作用下，动床模型试验结果表明模型放水至第 5、10 年末，试验河段总体河势未发生大的变化，主要表现为：滩槽位置相对稳定，其中松滋口分流能力变化不大，松西河与松东河分流格局未发生明显变化；杨家洲汊道以左汊为主、杨家庵汊道以右汊为主的格局未发生改变，主流线及深泓位置整体变动不大，但局部有所调整。

1. 平面变化

1）长江干流（关洲洲尾—昌门溪河段）与口门—杨家洲洲尾河段

关洲洲尾—昌门溪河段为微弯分汊河段。从关洲尾贴右岸下行，在主流分为两股，一股沿着口门段分泄进入松滋河，一股仍在长江干流下行，其中芦家河碛坝左侧为沙泓、右侧为石泓，主流一般沿着沙泓下行，贴着左岸流出本河段；受关洲的影响，本河段深泓线平面摆动较为频繁，但在芦家河碛坝右侧的石泓处实施航道整治工程后，本河段河势趋于稳定。口门—杨家洲洲尾河段为顺直分汊河段。从口门—牌路口河段河道由喇叭口逐渐缩窄，最窄处仅 250 m，然后逐渐放宽，形成左右两汊分流。河道深泓也逐渐由靠近左岸过渡到中间，然后再过渡至左岸，在该段深泓线平面位置多年来变化较小。

模型运行至第 5 年末，与初始地形相比：长江干流关洲洲尾—昌门溪河段靠近左右岸的 40 m、35 m 等高线左右摆动幅度较小，在芦家河碛坝附近 35 m 等高线变化幅度也较小；30 m 等高线在姚家港附近有一定程度冲刷展宽，而在其他位置变化幅度不大；25 m 等高线主要分布在关洲洲尾靠近口门与昌门溪附近，其中在口门处该等高线变化不大，而在昌门溪附近 25 m 等高线冲刷坑则略有增加；20 m 等高线冲刷坑主要分布在关洲洲尾、口门处及昌门溪附近，3 个冲刷坑的面积均有一定程度增加，而 15 m 等高线冲刷坑主要分布在关洲右汊尾部，由初始地形的 3 个大小不一冲刷坑演变为 1 个较大的冲刷坑，其面积增加约 19.7 万 m²。在口门—杨家洲洲尾河段，靠近口门段左岸的 40 m、35 m 等高线呈现淤长萎缩的趋势，其中 35 m 等高线向右最大摆幅约 150 m，而其他位置 40 m、35 m 等高线摆动幅度较小，在杨家洲右汊进口段的 35 m 等高线冲刷坑已与下游 35 m 等高线完全贯穿，该等高线略有下移。随着"清水"冲刷的影响，进口段 30 m 等高线与杨家洲左汊内 30 m 等高线冲刷坑的距离越来越近，且有相连的趋势。口门段的 25 m 等高线则有一定程度下移，尾部已发展至杨家渡附近；20 m 等高线冲刷坑上提下移，其面积略有增加；15 m 等高线冲刷坑则由初始地形的 3 个冲刷坑形成 1 个较大的冲刷坑。

模型放水至第 10 年末，与第 5 年末相比：长江干流关洲洲尾—昌门溪河段靠近左右岸的 40 m、35 m 等高线摆动幅度较小，在芦家河碛坝附近 35 m 等高线变化幅度也较小；在芦家河沙泓与石泓处的 30 m 等高线变化幅度不大；25 m 等高线在口门处变化幅度也不大，而在昌门溪附近 25 m 等高线冲刷坑略有增加；15 m 等高线冲刷坑有向关洲右汊尾部下移的趋势，其面积增加约 18.3 万 m²。在口门—杨家洲洲尾河段，靠近口门段左岸的 40 m、35 m 等高线呈淤长萎缩的趋势，其中 40 m 等高线向右最大摆幅约 130 m，而在其他位置 40 m、35 m 等高线左右摆动幅度较小，在杨家洲右汊进口段的 35 m 等高线冲刷坑已与进口处的 35 m 等高线完全贯穿，并与右汊中下段 35 m 等高线冲刷坑相连；杨家洲左汊上段的 30 m 等高线已与下段 30 m 等高线冲刷坑相连，并下移约 420 m；口门段的 25 m 等高线下移约 700 m；20 m、15 m 等高线冲刷坑则呈现上提下移，其面积均有不同程度的增加。

以上成果表明：在以上水沙系列作用下，长江干流关洲洲尾—昌门溪河段整体河势变化较小，除局部深槽、冲刷坑发生一定的调整外，其他河段河势调整幅度较小；口门—杨家洲洲尾河段同样河势整体变化不大，但局部河段河势仍发生一定的调整，其中在靠近口门段左岸呈淤长萎缩的趋势，而在杨家洲右汊冲刷发展，不利于河势稳定，口门段深槽则有一定程度的冲刷发展。

2）杨家洲—大口河段

杨家洲—大口河段为弯曲分汊河段。从杨家洲洲尾河道开始逐渐向右弯曲约 90° 下行，在冯口附近有采穴河相连，在大口上游附近河道向右弯曲约 60°，在大口下游分为松东与松西两支；其中本河段江心洲众多，河势调整幅度较大。

模型运行至第 5 年末，与初始地形相比，靠近左右岸的 40 m、35 m 等高线摆动幅度较小，其中在戴家洲附近 35 m 边滩被冲刷消失，而中间的 2 个 35 m 滩体则略有萎缩。30 m 等高线冲刷坑主要分布在杨家庵左右汊、芦洲、金闸及冯口附近河段，冲刷坑的面积均有一定程度增加，其中在戴家渡左右两汊的 30 m 等高线冲刷坑头部均向上延伸，在左右汊内该等高线冲刷坑均相连，并在右汊内向上延伸约 340 m，尾部位置基本变化较小，该等高线冲刷坑面积增加了约 10.5 万 m²。25 m 等高线冲刷坑则主要分布在芦洲、冯口附近，其面积一般均较小，随着"清水"冲刷的影响，该等高线冲刷坑的面积均略有增加。

模型放水至第 10 年末，与第 5 年末相比，靠近左右岸的 40 m、35 m 等高线基本变化较小，在戴家渡附近的 2 个 35 m 滩体面积进一步缩小。杨家庵左右汊、芦洲、金闸及冯口附近 30 m 等高线冲刷坑的面积均有一定程度增加，其中在戴家渡左汊内 30 m 等高线冲刷坑已与下游河段 30 m 等高线相连，并在该左汊内形成一个倒套型的冲刷坑，右汊内的冲刷坑头部向上延伸了约 320 m，而冲刷坑尾部则下移约 200 m，冲刷坑的面积增加约 13.9 万 m²；分布在芦洲、冯口附近的 25 m 等高线冲刷坑的面积则进一步增加，其中在芦洲附近该等高线冲刷坑面积增加约 0.8 万 m²。

以上成果表明，在水沙系列作用下，整个河段的深槽均有不同程度的冲刷下切，该河段在杨家庵汊道段、芦洲附近等河势调整较为剧烈，并且在杨家庵、戴家渡附近的支汊河段均有较大幅度发展，不利于该处河势稳定。

3）大口—新江口河段

大口—新江口河段为弯曲河段。主流在大口附近贴近左岸下行，在横堤村逐渐过渡至碾子湾左岸，主流由贴近左岸逐渐过渡至下游王家渡右岸，在余家渡附近过渡至右岸，在德胜村附近河道向左弯曲约 60°，主流贴着右岸下行，在新江口附近贴近右岸流出本河段。

模型运行至第 5 年末，与初始地形相比，靠近左右岸的 40 m、35 m 等高线摆动幅度较小，新江口附近 30 m 等高线冲刷坑的面积则增加了 6.4 万 m²。

模型放水至第 10 年末，与第 5 年末相比，靠近左右岸的 40 m、35 m 等高线基本变化较小，新江口附近 30 m 等高线冲刷坑的面积同样随着河床冲刷而发展，其面积也以增加为主，该等高线冲刷坑头部上延了约 480 m。

以上成果表明，在水沙系列作用下，本河段河势整体较为稳定，局部河段如横堤村弯道段、碾子湾弯道段及余家渡过渡段河势调整较为剧烈，不利于河势稳定。

4）松东河大场—沙道观河段

松东河大场—沙道观河段为弯曲分汊型河段。水流在大场分泄进入松东河，沿着松东河左岸下行，水流被江洲分为两股，其中主流主要走左汊下行，过渡至右岸后又重新过渡至左岸复兴场附近下行，在朱家湖附近主流被毛家尖洲分为两股，其主流主要经左岸下行，然后逐渐过渡至右岸，贴近右岸流出本河段。

模型运行至第 5 年末，与初始地形相比，靠近左右岸的 40 m、35 m 等高线摆动幅度较小。模型放水至第 10 年末，与第 5 年末相比，靠近左右岸的 40 m、35 m 等高线基本变化较小。

以上成果表明，在水沙系列作用下，本河段河势整体较为稳定，河床冲刷幅度不大。

2. 典型断面冲淤变化

为了进一步分析松滋口口门段所在河床的冲淤变化情况，研究者绘制了模型运行第 5 年末、第 10 年末典型断面的变化图。主要在冲淤幅度较大的区域布设了 10 个断面（松西 1#断面、松西 5#断面、松西 7#断面、松西 10#断面、松西 15#断面、松西 55#断面、松西 60#断面、松西 65#断面、松西 68#断面、松西 73#断面），典型断面历年冲淤变化见表 4.11。由表 4.11 可知，松西 55#断面、松西 68#断面因位于弯道段而呈 "V" 形，其余断面形态基本呈 "U" 形。

表 4.11　典型断面特征值统计表

断面序号	断面位置	时间	面积/m²	水面宽度 B/m	平均水深 H/m	$\sqrt{B}/H$
松西 1#断面	松滋口口门处	初始地形	6 880.5	723.6	9.51	2.83
		5 年末	7 180.7	679.6	10.57	2.47
		10 年末	8 014.0	633.8	12.64	1.99
松西 5#断面	牌路口处	初始地形	2 203.4	250.5	8.80	1.80
		5 年末	3 257.1	254.3	12.81	1.24
		10 年末	3 746.0	252.7	14.82	1.07
松西 7#断面	牌路口下游处	初始地形	4 355.2	331.5	13.14	1.39
		5 年末	4 622.6	335.9	13.76	1.33
		10 年末	4 882.9	321.4	15.19	1.18
松西 10#断面	老城上游处	初始地形	5 898.0	399.9	14.75	1.36
		5 年末	5 894.6	398.1	14.81	1.35
		10 年末	6 545.9	393.0	16.66	1.19
松西 15#断面	老城处	初始地形	8 045.4	777.0	10.35	2.69
		5 年末	9 173.0	733.0	12.51	2.16
		10 年末	11 077.1	731.5	15.14	1.79
松西 55#断面	观音庵	初始地形	1 681.4	363.3	4.63	4.12
		5 年末	1 884.5	377.6	4.99	3.89
		10 年末	2 100.2	395.2	5.31	3.74
松西 60#断面	冯口处	初始地形	2 337.0	291.5	8.02	2.13
		5 年末	2 364.1	295.9	7.99	2.15
		10 年末	2 614.8	298.9	8.75	1.98
松西 65#断面	大口处	初始地形	1 525.5	723.6	2.11	12.75
		5 年末	2 133.1	707.3	3.02	8.81
		10 年末	2 962.7	738.8	4.01	6.78
松西 68#断面	抱鸡母洲处	初始地形	1 548.7	410.8	3.77	5.38
		5 年末	1 952.2	536.9	3.64	6.37
		10 年末	2 663.2	489.5	5.44	4.07
松西 73#断面	松东河与松西河分流处	初始地形	1 468.2	441.6	3.32	6.33
		5 年末	1 821.0	458.3	3.97	5.39
		10 年末	2 143.7	462.9	4.63	4.65

注：表中断面数值均为黄海 37.0 m 高程以下统计值。

　　松西 1#断面位于松滋口口门处，在 2015 年 12 月初始地形上施放 1991～2000 年水沙系列后，靠近左岸的 40 m、35 m 等高线以淤长为主，该处边滩不断淤积，至终止地形靠近左岸的 24 m 等高线淤积缩窄为主，其中 40 m 等高线右移约 110 m；靠近右岸的 40 m、35 m 等高线左右变化幅度较小，靠近右岸的主河槽冲刷下切幅度较大，至终止地形该断面最大冲刷深度为 13 m，地形平均冲刷宽度约为 3.13 m，断面宽深比以减小为主。

　　松西 5#断面位于牌路口处，在 2015 年 12 月初始地形上施放 1991～2000 年水沙系列后，靠近左右岸的 40 m、35 m 等高线左右变化幅度较小，随着时间推移，主河槽冲刷幅度较大，至终止地形该断面最大冲刷深度为 8.21 m，地形平均冲刷宽度约为 6.02 m，断面宽深比以减小为主。

　　松西 7#断面位于牌路口下游处，在 2015 年 12 月初始地形上施放 1991～2000 年水沙系列后，靠近左右岸的 40 m、35 m 等高线左右变化幅度较小，随着时间推移，主河槽有一定幅度的冲刷，至终止地形该断面最大冲刷深度为 3.7 m，地形平均冲刷宽度约为 2.05 m，断面宽深比以减小为主。

　　松西 10#断面位于老城上游处，在 2015 年 12 月初始地形上施放 1991～2000 年水沙系列后，除靠近左岸的 35 m 等高线冲刷后退约 20 m，其他靠近左右岸的 40 m、35 m 等高线左右变化幅度较小，随着时间推移，主河槽有一定幅度的冲刷，至终止地形该断面最大冲刷深度为 7.24 m，地形平均冲刷宽度约为 1.91 m，断面宽深比以减小为主。

　　松西 15#断面位于老城处，在 2015 年 12 月初始地形上施放 1991～2000 年水沙系列后，靠近左右岸的 40 m、35 m 等高线左右变化幅度较小，随着时间推移，主河槽冲刷幅度较大，至终止地形该断面最大冲刷深度为 7.24 m，地形平均冲刷宽度约为 1.91 m，断面宽深比以减小为主。

　　松西 55#断面位于观音庵处，在 2015 年 12 月初始地形上施放 1991～2000 年水沙系列程后，靠近左右岸的 40 m、35 m 等高线左右变化幅度较小，随着时间推移，主河槽有一定幅度的冲刷，至终止地形该断面最大冲刷深度为 2.87 m，地形平均冲刷宽度约为 0.68 m，断面宽深比以减小为主。

　　松西 60#断面位于冯口处，在 2015 年 12 月初始地形上施放 1991～2000 年水沙系列后，靠近左右岸的 40 m、35 m 等高线左右变化幅度较小，随着时间推移，主河槽有一定幅度的冲刷，至终止地形该断面最大冲刷深度为 2.36 m，地形平均冲刷宽度约为 0.73 m，断面宽深比以减小为主。

　　松西 65#断面位于大口处，在 2015 年 12 月初始地形上施放 1991～2000 年水沙系列后，靠近左右岸的 40 m、35 m 等高线左右变化幅度较小，随着时间推移，主河槽有一定幅度的冲刷，至终止地形该断面最大冲刷深度为 3.12 m，地形平均冲刷宽度约为 1.9 m，断面宽深比以减小为主。

　　松西 68#断面位于抱鸡母洲处，在 2015 年 12 月初始地形上施放 1991～2000 年水沙系列后，靠近左右岸的 40 m、35 m 等高线左右变化幅度较小，随着时间推移，主河槽有一定幅度的冲刷，至终止地形该断面最大冲刷深度为 4.23 m，地形平均冲刷宽度约为 1.67 m，断面宽深比以减小为主。

　　松西 73#断面位于松东河与松西河分流处，在 2015 年 12 月初始地形上施放 1991～

2000 年水沙系列后，靠近左右岸的 40 m、35 m 等高线左右变化幅度较小，随着时间推移，主河槽有一定幅度的冲刷，至终止地形该断面最大冲刷深度为 2.3 m，地形平均冲刷宽度约为 1.31 m，断面宽深比以减小为主。

在 2015 年 12 月初始地形上施放以上水沙系列后，河床冲刷下切，断面宽深比以减小为主；在口门处靠近左岸淤积较为严重，除该处断面形态变化较大外，其余断面形态基本无明显变化，岸线及深泓位置基本稳定。

3. 河床冲淤变化

表 4.12 给出了模型试验后不同阶段不同河段冲刷量结果，从表 4.12 中可以看出模型运行至第 5 年末相对于初始地形，第 10 年末相对于第 5 年末的冲刷量和平均冲刷深度。其中：模型运行至第 5 年末，在长江干流（关洲洲尾—昌门溪河段）冲刷量约为 876.0 万 m³，平均冲刷深度约为 0.34 m；在松滋河（口门—大口河段）冲刷量约为 876.0 万 m³，平均冲刷深度约为 0.45 m；在松西河（大口—新江口河段）冲刷量约为 436.0 万 m³，平均冲刷深度约为 0.51 m；在松东河（大口—沙道观河段）冲刷量约为 128.0 万 m³，平均冲刷深度约为 0.21 m。模型运行至第 10 年末，受 1998 年、1999 年洪水年的影响，在长江干流（关洲洲尾—昌门溪河段）冲刷量约为 1 256.0 万 m³，平均冲刷深度约为 0.48 m；在松滋河（口门—大口河段）冲刷量约为 1 184.0 万 m³，平均冲刷深度约为 0.61 m；在松西河（大口—新江口河段）冲刷量约为 542.0 万 m³，平均冲刷深度约为 0.64 m；在松东河（大口—沙道观河段）冲刷量约为 165.0 万 m³，平均冲刷深度约为 0.27 m。

表 4.12　模型试验后不同阶段不同河段冲刷量统计表（37 m 高程以下）

河段范围	时段	冲刷量/万 m³	平均冲刷深度/m
长江干流（关洲洲尾—昌门溪河段）	2011 年 11 月～2013 年 11 月	−833.0	−0.32
	初始地形～第 5 年末	−876.0	−0.34
	第 5 年末～第 10 年末	−1 256.0	−0.48
松滋河（口门—大口河段）	2011 年 11 月～2015 年 12 月	−716.0	−0.37
	初始地形～第 5 年末	−876.0	−0.45
	第 5 年末～第 10 年末	−1 184.0	−0.61
松西河（大口—新江口河段）	2011 年 11 月～2015 年 12 月	−384.0	−0.45
	初始地形～第 5 年末	−436.0	−0.51
	第 5 年末～第 10 年末	−542.0	−0.64
松东河（大口—沙道观河段）	2011 年 11 月～2015 年 12 月	−85.4	−0.14
	初始地形～第 5 年末	−128.0	−0.21
	第 5 年末～第 10 年末	−165.0	−0.27
试验河段	初始地形～第 5 年末	−2 316.0	−0.35
	第 5 年末～第 10 年末	−3 147.0	−0.48

从整个试验河段淤积量来看：模型运行至第 5 年末，整个试验河段冲刷量约为 2 316.0 万 m³，平均冲刷深度约为 0.35 m；模型运行至第 10 年末，整个试验河段冲刷量约为 3 147.0 万 m³，平均冲刷深度约为 0.48 m。第 10 年末，长江干流（关洲洲尾—昌门溪河段）冲刷量约为 2 132.0 万 m³，平均冲刷深度约为 0.82 m；松滋口口门段冲刷量约为 3 331.0 万 m³，平均冲刷深度约为 0.92 m。

数学模型的进口水沙及水位均由一维江湖耦合水沙数学模型提供，其中平面二维水沙数学模型计算的年限为 20 年。

4.2.2　太平口口门段河势变化预测

1. 河段冲淤量分析

计算结果表明：杨家垴—观音寺河段总体处于冲刷状态，模型运行至第 10 年末全河段冲刷总量为 12 737.2 万 m³，年均冲刷量为 1 273.72 万 m³，年均冲刷强度为 23.5 万 m³/(km·a)；模型运行至第 20 年末全河段冲刷总量约为 20 045.2 万 m³，模型运行 10～20 年年均冲刷量约为 730.8 万 m³；后 10 年冲刷量小于前 10 年冲刷量。不同时段冲淤量统计表见表 4.13。

表 4.13　不同时段冲淤量统计表

河段		第 10 年末		第 20 年末	
分段	长度/km	冲淤量/万 m³	年均冲淤强度/[万 m³/(km·a)]	冲淤量/万 m³	年均冲淤强度/[万 m³/(km·a)]
进口—浣 2 河段	4.5	−1 613.3	−35.9	−1 949.1	−21.7
浣 2—马洋洲上河段	4.0	−1 560.5	−39.0	−1 717.3	−21.5
马洋洲上下河段	5.5	−1 208.6	−22.0	−1 611.8	−14.7
马洋洲下—荆 30 河段	4.4	−1 442.0	−32.8	−2 428.7	−27.6
荆 30—太平口下河段	3.2	−941.8	−29.4	−1 564.2	−24.4
太平口下—荆 32 河段	1.7	−603.5	−35.5	−879.1	−25.9
荆 32—荆 37 河段	4.2	−1 564.7	−37.3	−2 512.8	−29.9
荆 37—荆 43 河段	6.4	−1 015.8	−15.9	−1 921.7	−15.0
荆 43—荆 48 河段	6.6	−1 387.1	−21.0	−2 697.2	−20.4
荆 48—观音寺河段	6.2	−1 206.6	−19.5	−2 593.1	−20.9
太平口口门段	1.2	−25.7	−2.1	−31.8	−1.3
分流道内	6.2	−167.6	−2.7	−138.4	−1.1
全河段	54.1	−12 737.2	−23.5	−20 045.2	−18.5

从模型运行第 10 年末和第 20 年末冲淤量来看，后 10 年冲淤量小于前 10 年的冲淤量；从分段来看，进口—荆 43 河段和太平口分流道的冲刷量，后 10 年冲刷量明显小于前 10 年的冲淤量，荆 43—出口段观音寺河段，后 10 年冲刷量与前 10 年的冲淤量差异不大。

2. 河床冲淤厚度分布分析

由表 4.13 可以看出：该河段河床冲淤交替，平滩以下河槽以冲刷为主，局部近岸河床冲刷较为明显；边滩部位有冲有淤，低滩部位冲刷明显，高滩部位略有淤积。

模型运行第 10 年末冲淤厚度分布：进口—涴 2 河段，平均冲刷深度约 1.86 m；涴 2—马洋洲上河段，平均冲刷深度约 1.67 m；马洋洲上下河段，平均冲刷深度约 0.78 m；马洋洲下—荆 30 河段，平均冲刷深度约 1.88 m；荆 30—太平口下河段，平均冲刷深度约 1.81 m；太平口下—荆 32 河段，平均冲刷深度约 2.03 m；荆 32—荆 37 河段，平均冲刷深度约 1.78 m；荆 37—荆 43 河段，平均冲刷深度约 0.65 m；荆 43—荆 48 河段，平均冲刷深度约 1.07 m；荆 48—观音寺河段，平均冲刷深度约 1.51 m；太平口口门段，平均冲刷深度约 0.48 m。整个河段平均冲刷深度约 1.31 m。

模型运行第 20 年末冲淤厚度分布：进口—涴 2 河段，平均冲刷深度约 2.42 m；涴 2—马洋洲上河段，平均冲刷深度约 2.44 m；马洋洲上下河段，平均冲刷深度约 1.10 m；马洋洲下—荆 30 河段，平均冲刷深度约 2.99 m；荆 30—太平口下河段，平均冲刷深度约 2.90 m；太平口下—荆 32 河段，平均冲刷深度约 2.91 m；荆 32—荆 37 河段，平均冲刷深度约 2.93 m；荆 37—荆 43 河段，平均冲刷深度约 1.16 m；荆 43—荆 48 河段，平均冲刷深度约 2.03 m；荆 48—观音寺河段，平均冲刷深度约 2.98 m；太平口口门段，平均冲刷深度约 0.49 m。整个河段平均冲刷深度约 2.05 m。

3. 典型横断面变化分析

表 4.14 给出了杨家垴—观音寺河段 40 m 高程下河槽断面要素变化，图 4.8 给出了杨家垴—观音寺河段模型运行至第 20 年末部分典型断面冲淤变化对比图。

表 4.14　杨家垴—观音寺河段 40 m 高程下河槽断面要素变化表

断面位置	初始面积/m²	20 年后面积变化率/%	初始宽深比	20 年后宽深比变化值
CS1 断面	23 485	15.95	2.55	-0.30
CS2 断面	17 900	21.93	2.62	-0.16
CS3 断面	24 181	14.37	2.31	-0.27
CS4 断面	26 727	12.94	2.94	-0.35
CS5 断面	23 352	17.58	2.89	-0.43
CS6 断面	31 057	12.70	3.81	-0.44
CS7 断面	25 348	17.12	2.89	-0.34
CS10 断面	4 156	10.10	1.78	-0.09
CS11 断面	3 189	21.01	5.06	-0.74
CS12 断面	2 213	12.88	3.24	-0.22
CS13 断面	2 399	21.30	4.50	-0.59
CS14 断面	1 997	23.49	3.61	-0.35
CS15 断面	2 490	14.94	3.70	-0.19

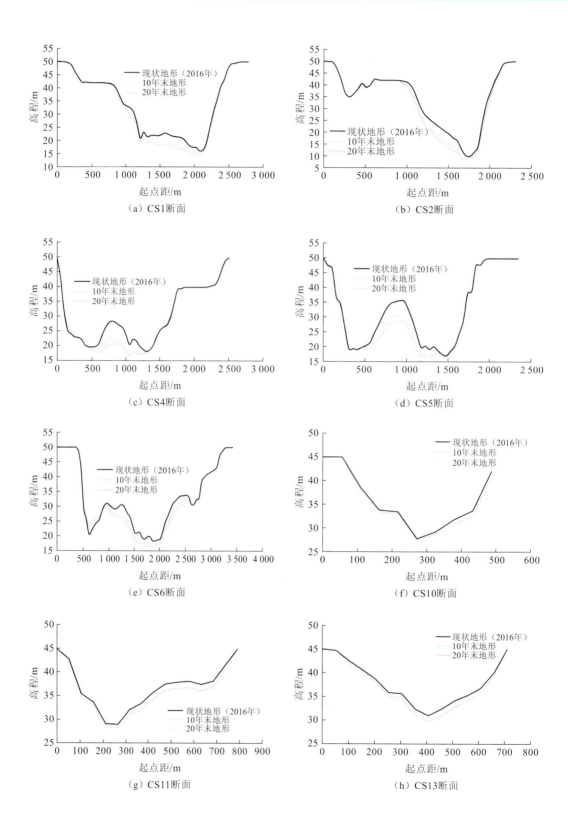

（a）CS1断面　　　　　　　　　（b）CS2断面

（c）CS4断面　　　　　　　　　（d）CS5断面

（e）CS6断面　　　　　　　　　（f）CS10断面

（g）CS11断面　　　　　　　　　（h）CS13断面

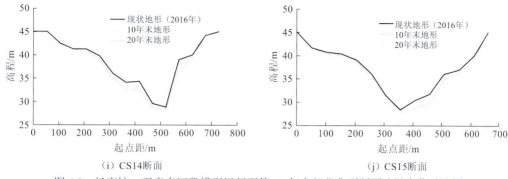

(i) CS14断面　　　　　　　　　(j) CS15断面

图 4.8　杨家垴—观音寺河段模型运行至第 20 年末部分典型断面冲淤变化对比图

CS10~CS15 断面为太平口分流道内断面

干流河段（CS1~CS7 断面）：20 年末，断面深槽明显冲深展宽，一般冲刷深度在 4~6 m；高滩变化较小，一般冲淤宽度变化在 4 m 以内，太平口心滩冲刷萎缩较大，三八滩冲刷后退并且萎缩。从干流部分典型断面（如 CS1 断面、CS2 断面、CS4 断面、CS6 断面、CS7 断面）的形态来看，40 m 高程以下河槽初始面积在 17 900~31 057 m²，20 年末面积扩大了 12.70%~21.93%，宽深比由初始的 2.55~3.81 减小了 0.16~0.44。

太平口分流道河段（CS10~CS15 断面）：20 年末，断面深槽冲深展宽，冲刷幅度小于干流河道，一般冲刷深度在 1~3 m；高滩变化较小，一般冲淤宽度变化在 2 m 以内。从分流道部分典型断面（CS11~CS15 断面）的形态来看，40 m 高程以下河槽初始面积在 1 997~3 189 m²，20 年末面积扩大了 12.88%~23.49%，宽深比由初始的 3.24~5.06 减小了 0.19~0.74。

4.2.3　藕池口口门段河势变化预测

采用 20 世纪 90 年代系列水沙条件，并考虑三峡水库及其上游建库拦沙的影响，冲淤计算时限为 20 年，计算起始地形干流新厂至石首河段采用 2016 年 10 月实测地形，支流藕池河河段采用 2015 年 12 月实测地形，目前已建、在建的航道整治工程均作为固有地形边界处理。

1. 河段冲淤量分析

由表 4.15 可见，藕池口口门段总体将处于冲刷状态。模型运行至第 10 年末、模型运行至第 20 年末全河段累计冲刷量分别约为 5 948.8 万 m³、10 067.1 万 m³，其中，冲刷主要发生在平滩以下河槽部位，而高滩部位冲淤量较小，略表现为淤积状态。

表 4.15　藕池口口门段冲淤量情况表　　（单位：万 m³）

项目		模型运行至第 10 年末		模型运行至第 20 年末	
冲淤量统计部位		平滩河槽	全段	平滩河槽	全段
干流	藕池口分汊段（新厂—古长堤—新开铺）	−3 610.8	−3 487.3	−6 100.5	−5 731.6
	石首弯道段（古长堤以下河段）	−2 502.1	−2 379.9	−4 628.4	−4 228.5
支流	藕池河（含安乡河入口）河段（新开铺—管家铺—康家岗）	−78.6	−81.6	−100.9	−107.0
全河段		−6 191.5	−5 948.8	−10 829.8	−10 067.1

模型运行至第 10 年末各分段累计冲淤量：干流藕池口分汊段（新厂—古长堤—新开铺；下同），冲淤量为 3 487.3 万 m³，冲刷强度为 31.4 万 m³/（km·a）；干流石首弯道段（古长堤以下河段；下同），冲刷量为 2 379.9 万 m³，冲刷强度为 17.4 万 m³/（km·a）；支流藕池河（含安乡河入口）河段（新开铺—管家铺—康家岗；下同），冲刷量为 81.6 万 m³，冲刷强度为 0.55 万 m³/（km·a）。

模型运行至第 20 年末各分段累计冲淤量：干流藕池口分汊段，全段冲刷量为 5 731.6 万 m³，冲刷强度为 25.8 万 m³/（km·a）；干流石首弯道段，冲淤量为 4 228.5 万 m³，冲刷强度为 15.4 万 m³/（km·a）；支流藕池河（含安乡河入口）河段，冲刷量为 107.0 万 m³，冲刷强度约为 0.36 万 m³/（km·a）。

2. 河床冲淤分布分析

由图 4.9 可以看出：藕池口口门段河床冲淤交替，平滩以下河槽以冲刷为主，局部近岸部位和水流顶冲部位冲刷较为明显；边滩（心滩）部位有冲有淤，其中低滩部位冲刷明显，高滩部位略有淤积，具体分析如下。

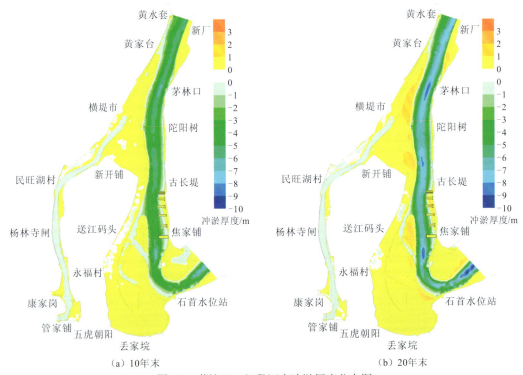

（a）10 年末　　　　　　　　　　　　　（b）20 年末

图 4.9　藕池口口门段河床冲淤厚度分布图

模型运行至第 10 年末，干流藕池口分汊段，河床冲淤厚度为 -7.98 m±0.94 m，平滩河槽平均冲刷深度约 1.96 m；天星洲右汊（藕池口分流道入口段）和天星洲滩面略有淤积，淤积厚度在 1 m 内；天星洲心滩滩头及左缘冲刷后退（图 4.9），后退幅度一般为 20~180 m。干流石首弯道段，河床冲淤厚度为 -6.96 m±0.78 m，平滩河槽平均冲刷深度为 1.21 m。支流藕池河（含安乡河入口）河段，河槽略有冲刷，河床冲淤厚度为-1.63 m±0.06 m，平滩河槽平均冲刷深度为 0.18 m。

　　模型运行至第 20 年末，干流藕池口分汊段，河床冲淤厚度为-9.72 m±2.10 m，平滩河槽平均冲刷深度约 3.31 m；天星洲右汊（藕池口分流道入口段）和天星洲滩面略有淤积，冲淤厚度在 2 m 内；天星洲心滩滩头及左缘冲刷后退（图 4.10），后退幅度一般为 50~250 m。干流石首弯道段，河床冲淤厚度为-9.36 m±1.75 m，平滩河槽平均冲刷深度为 2.23 m。支流藕池河（含安乡河入口）河段，河槽略有冲刷，河床冲淤厚度为-1.80 m±0.10 m，平滩河槽平均冲刷深度为 0.23 m。

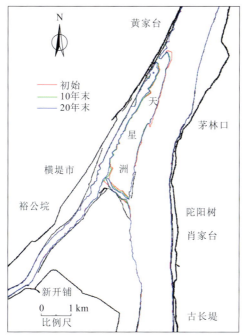

图 4.10　藕池口口门段 30 m 地形高程线平面位置变化图

3. 典型断面变化分析

　　将初始典型断面要素、冲淤 10 年末和 20 年末的藕池口口门段平滩河槽典型断面要素（面积、宽深比）进行对比分析。在藕池口口门段内沿程选取 16 个典型断面进行分析，结果见表 4.16。

表 4.16　藕池口口门段平滩河槽典型断面要素变化表

河段	典型断面位置	面积			宽深比		
		初始面积/m²	10 年末变化率/%	20 年末变化率/%	初始宽深比	10 年末变化值	20 年末变化值
长江干流段	新厂	16 711.1	25.1	34.8	2.29	-0.46	-0.59
	黄家台	16 767.4	26.5	35.9	2.66	-0.54	-0.68
	茅林口	17 262.9	23.5	31.7	2.74	-0.52	-0.66

续表

河段	典型断面位置	面积			宽深比		
		初始面积/m²	10年末变化率/%	20年末变化率/%	初始宽深比	10年末变化值	20年末变化值
长江干流段	陀阳树	18 945.6	26.5	34.6	3.32	-0.70	-0.91
	肖家台	17 654.7	25.8	34.9	2.75	-0.56	-0.71
	古长堤	17 038.6	23.5	32.8	2.50	-0.48	-0.62
天星洲右汊	心滩上	2 165.9	-2.4	-7.5	4.72	0.11	0.37
	心滩中	2 242.8	-4.8	-13.4	4.66	0.23	0.72
	心滩下	4 437.7	-7.2	-17.1	5.98	0.45	0.72
	横堤市	2 683.0	-1.7	-6.5	3.93	0.06	0.26
	裕公垸	1 629.1	5.5	6.8	3.13	-0.01	-0.02
藕池河	新开铺	2 104.5	2.2	3.0	2.58	-0.04	-0.07
	民旺湖村	2 084.7	2.7	3.6	2.76	-0.08	-0.13
	杨林寺闸	2 366.9	3.1	3.9	3.86	-0.11	-0.16
	蒋家塔	1 856.9	4.5	5.5	3.43	-0.13	-0.21
	管家铺	1 926.9	2.3	2.8	1.72	-0.03	-0.09

注："-"表示减小。

在平滩水位下：长江干流段典型断面初始时断面面积为 16 711.1～18 945.6 m²，宽深比为 2.29～3.32；天星洲右汊和藕池河典型断面初始断面面积为 1 629.1～4 437.7 m²，宽深比为 1.72～5.98。冲淤后，除天星洲右汊心滩上至横堤市河段淤积萎缩外，其余沿程各断面冲刷深度扩大，断面面积增大，宽深比减小。藕池口口门段典型断面地形对比图见图 4.11。

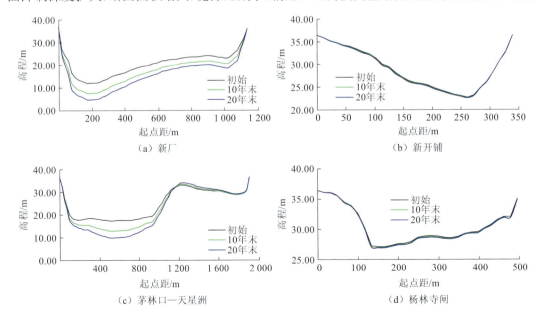

（a）新厂　　　　　　　　　　　　（b）新开铺

（c）茅林口—天星洲　　　　　　　　　（d）杨林寺闸

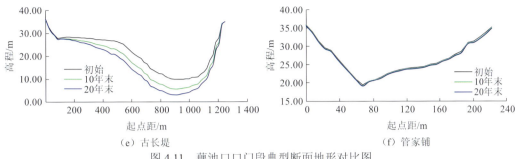

图 4.11　藕池口口门段典型断面地形对比图

10 年末，长江干流段，典型断面面积增大 23.5%～26.5%，宽深比减小 0.46～0.70；天星洲右汊心滩上至横堤市河段，典型断面面积减小 1.7%～7.2%，宽深比增大 0.06～0.45；藕池河河段，典型断面面积增大 2.2%～4.5%，宽深比减小 0.03～0.13。

20 年末，长江干流段，典型断面面积增大 31.7%～35.9%，宽深比减小 0.59～0.91；天星洲右汊心滩上至横堤市河段，典型断面面积减小 6.5%～17.1%，宽深比增大 0.26～0.72；藕池河河段，典型断面面积增大 2.8%～5.5%，宽深比减小 0.07～0.21。

第 5 章

三峡水库运行对荆南四河水文情势的影响

本章构建长江与洞庭湖二维水动力学模型，根据三峡水库实际调度运行资料还原宜昌站流量过程，拟定各个调度方案下的流量过程作为模型的上边界，模拟并分析实际调度实践及不同调度方案对荆南四河蓄水期水文情势的影响，定量分析三峡水库运行对荆南四河水资源量的影响，揭示两者之间的响应关系特征，为三峡水库优化调度提供科学依据。

5.1　长江与洞庭湖二维水动力学模型

5.1.1　模型基本原理

控制方程如下所示。

（1）水流连续方程：

$$\frac{\partial \xi}{\partial t} + \frac{\partial p}{\partial x} + \frac{\partial q}{\partial y} = \frac{\partial h}{\partial t} \tag{5.1}$$

（2）水流动量方程：

$$\frac{\partial p}{\partial t} + \frac{\partial}{\partial x}\left(\frac{p^2}{h}\right) + \frac{\partial}{\partial y}\left(\frac{pq}{h}\right) + gh\frac{\partial \xi}{\partial x} + \frac{gp\sqrt{p^2+q^2}}{C^2 h^2} - \frac{1}{\rho}\left[\frac{\partial}{\partial x}(h\tau_{xx}) + \frac{\partial}{\partial y}(h\tau_{xy})\right]$$
$$- fq - f_w |W| W_x = 0$$

$$\frac{\partial q}{\partial t} + \frac{\partial}{\partial y}\left(\frac{q^2}{h}\right) + \frac{\partial}{\partial x}\left(\frac{pq}{h}\right) + gh\frac{\partial \xi}{\partial y} + \frac{gp\sqrt{p^2+q^2}}{C^2 h^2} - \frac{1}{\rho}\left[\frac{\partial}{\partial y}(h\tau_{yy}) + \frac{\partial}{\partial x}(h\tau_{xy})\right] \tag{5.2}$$
$$- fq - f_w |W| W_y = 0$$

式中：ξ 为水位；h 为水深；p 为 x 方向的流量及通量；q 为 y 方向的流量及通量；C 为谢才系数；g 为重力加速度；f 为科氏系数；ρ 为水的密度；W 为风速，W_x、W_y 为风速在 x、y 方向上的分量；f_w 为风阻力系数；τ_{xx}、τ_{xy}、τ_{yy} 为有效剪切力分量。

5.1.2　数值解法

MIKE21 FM 数值计算方法采用有限体积法（finite volume method，FVM）。有限体积法，又称为控制体积法。其基本思路是：将计算区域划分为一系列不重复的控制体积，并使每个网格点周围有一个控制体积；将待解的微分方程对每一个控制体积积分，便得出一组离散方程，其中的未知数是网格点上的因变量的数值。

有限体积法的基本思路易于理解，并能得出直接的物理解释。离散方程的物理意义，就是因变量在有限大小的控制体积中的守恒原理，如同微分方程表示因变量在无限小的控制体积中的守恒原理一样。有限体积法得出的离散方程，要求因变量的积分守恒对任意一组控制体积都得到满足，对整个计算区域，自然也得到满足，这是有限体积法吸引人的优点。有些离散方法，如有限差分法（finite difference method，FDM），仅当网格极其细密时，离散方程才满足积分守恒；而有限体积法即使在粗网格情况下，也显示出准确的积分守恒。相较于有限单元法（finite element method，FEM），有限体积法对复杂区域的适应性上有明显优势，至于有限体积法的守恒性、物理概念明显的这些特点，有限单元法是没有的。

就离散方法而言，有限体积法可视作有限差分法和有限单元法的中间物。有限差分法只考虑网格点上的数值而不考虑值在网格点之间如何变化。有限单元法必须假定值在网格点之间的变化规律（即插值函数），并将其作为近似解。有限体积法只寻求结点值，这与有限差分法类似；但有限体积法在寻求控制体积的积分时，必须假定值在网格点之间的分布，这又与有限单元法类似。有限体积法汲取了有限差分法和有限单元法的优点，可以准确地处理急流、间断解，本次采用有限体积法结合嵌套结构化网格模拟二维浅水流是合适的。

5.1.3　模型概化

本书构建的荆江与洞庭湖二维水动力学模型以 MIKE21 FM 模块为基础，其中长江干流、荆江三口汇流河道、四水尾闾及洞庭湖区均采用二维水动力学模型计算，建库前后长江与洞庭湖二维水动力学模型地形使用情况见表 5.1，建库前后模型模拟范围和边界条件是一致的，仅长江干流和荆南四河水系地形进行了改变，荆江—洞庭湖二维水动力学模型概化图见图 5.1。

表 5.1　建库前后长江与洞庭湖二维水动力学模型地形使用情况

区域	建库前	建库后
长江干流	1996 年	2012 年
荆南四河水系	1996 年	2012 年
洞庭湖区	2012 年	2012 年
四水尾闾	2017 年	2017 年

图 5.1　荆江—洞庭湖二维水动力学模型概化图

两套长江与洞庭湖二维水动力学模型中，模型上边界为枝城站的流量，下边界为螺山站的水位-流量关系，洞庭湖四水主要控制水文站的流量作为流量边界条件汇入模型。

长江与洞庭湖二维水动力学模型边界条件见表 5.2。

表 5.2 长江与洞庭湖二维水动力学模型边界条件

编号	边界条件	水文站	位置	类型
1	上边界	枝城站	长江干流	流量
2	区间	石门站	澧水	流量
3	区间	桃源站	沅江	流量
4	区间	桃江站	资江	流量
5	区间	湘潭站	湘江	流量
6	下边界	螺山站	长江干流	水位-流量关系

本次使用 MIKE21 FM 模块中降雨产流模块，模拟湖区内的降雨径流过程。模块中输入数据为湖区鹿角、南咀、小河咀、营田及自治局的数据，采用泰森多边形的方法插值形成湖区的逐日降水。

5.2 实际调度实践对荆南四河水文情势的影响

将 2008~2018 年宜昌站实测流量过程及还原后的天然流量过程作为上游边界条件，分别模拟荆南四河水系典型站点水位及流量过程。为消除模型的系统误差，本书计算的各站点的水位（流量）变化为模型两次模拟结果的差值。根据模拟结果，统计出松滋口、太平口、藕池口及荆南四河还原前后的月平均水位和流量的特征值及其变化，分析三峡水库实际调度实践对荆南四河水系控制站水文情势的影响。

5.2.1 实际调度实践对松滋口水文情势的影响

松滋口径流年内分配过程出现了一定的变化，松滋口各月流量还原前后对比表见表 5.3，表现为 11 月~次年 6 月及 8 月平均流量有一定增加，蓄水期（主要是 9~10 月）月平均流量有一定减少。较还原情况相比，月平均流量减少的月份主要有 7 月、9 月、10 月，减少幅度在 8.4%~37.5%，其中 10 月减少幅度最大；11 月~次年 6 月及 8 月，在三峡水库调控以后，实测流量有所增加，增加幅度在 2.00~398.00 m³/s。

5.2.2 实际调度实践对太平口水文情势的影响

三峡水库蓄水运行后，太平口流量年内分配过程出现了一定的变化，太平口各月流量还原前后对比表见表 5.4，表现为 12 月~次年 6 月平均流量有一定增加，蓄水期（主要是 9~11 月）月平均流量有一定减少。较还原情况相比，月平均流量减少的月份主要有 7 月、9 月、10 月和 11 月，减少幅度在 0.15%~47.58%，其中 10 月减少幅度最大；年内其他月份月平均流量有一定的增加，其中 12 月~次年 3 月断流时间较长，在三峡水库调控以后，实测流量略有增加，增加幅度在 0.229~0.534 m³/s，4~6 月流量增加幅度在 30.00~104.30 m³/s。

表 5.3　松滋口各月流量还原前后对比表

（单位：m³/s）

年份	项目	1 月	2 月	3 月	4 月	5 月	6 月	7 月	8 月	9 月	10 月	11 月	12 月
2008	还原	14.10	7.86	28.50	243.00	337.00	1 030.00	2 130.00	2 950.00	2 910.00	1 200.00	1 350.00	50.10
	实测	15.00	9.30	22.40	328.00	514.00	1 090.00	2 250.00	3 090.00	2 850.00	663.00	984.00	54.40
	差值	0.90	1.44	-6.10	85.00	177.00	60.00	120.00	140.00	-60.00	-537.00	-366.00	4.30
2009	还原	18.90	22.30	15.50	139.00	556.00	650.00	2 660.00	3 780.00	1 780.00	714.00	85.40	4.39
	实测	15.60	43.00	34.40	193.00	946.00	867.00	2 610.00	3 620.00	1 370.00	153.00	68.50	9.29
	差值	-3.30	20.70	18.90	54.00	390.00	217.00	-50.00	-160.00	-410.00	-561.00	-16.90	4.90
2010	还原	4.23	4.60	6.78	36.90	367.00	1 320.00	4 550.00	2 960.00	2 610.00	1 010.00	176.00	17.20
	实测	7.09	7.36	9.73	24.60	570.00	1 510.00	4 070.00	2 930.00	2 400.00	428.00	164.00	17.10
	差值	2.86	2.76	2.95	-12.30	203.00	190.00	-480.00	-30.00	-210.00	-582.00	-12.00	-0.10
2011	还原	34.40	11.30	19.60	56.50	134.00	1 160.00	1 830.00	1 980.00	1 410.00	497.00	512.00	38.70
	实测	55.90	20.80	39.90	112.00	251.00	1 320.00	1 820.00	1 760.00	757.00	201.00	594.00	39.30
	差值	21.50	9.50	20.30	55.50	117.00	160.00	-10.00	-220.00	-653.00	-296.00	82.00	0.60
2012	还原	24.30	4.43	2.91	39.70	609.00	1 250.00	5 730.00	2 600.00	2 930.00	1 290.00	204.00	44.80
	实测	36.10	31.80	26.90	63.20	1 150.00	1 510.00	5 210.00	3 270.00	2 060.00	1 010.00	261.00	52.40
	差值	11.80	27.37	23.99	23.50	541.00	260.00	-520.00	670.00	-870.00	-280.00	57.00	7.60
2013	还原	40.90	3.79	10.20	59.30	305.00	1 240.00	3 770.00	1 820.00	1 550.00	449.00	109.00	38.30
	实测	51.90	35.00	29.60	76.20	764.00	1 490.00	3 470.00	2 080.00	1 010.00	227.00	104.00	45.60
	差值	11.00	31.21	19.40	16.90	459.00	250.00	-300.00	260.00	-540.00	-222.00	-5.00	7.30

续表

年份	项目	1月	2月	3月	4月	5月	6月	7月	8月	9月	10月	11月	12月
2014	还原	42.00	23.20	30.40	211.00	137.00	833.00	2 830.00	2 560.00	4 100.00	1 110.00	326.00	57.90
	实测	67.90	54.60	48.00	313.00	637.00	1 080.00	3 030.00	2 410.00	3 750.00	864.00	399.00	110.00
	差值	25.90	31.40	17.60	102.00	500.00	247.00	200.00	-150.00	-350.00	-246.00	73.00	52.10
2015	还原	21.60	6.97	60.00	152.00	51.70	1 240.00	2 010.00	1 070.00	2 180.00	970.00	188.00	75.50
	实测	23.10	25.30	114.00	341.00	565.00	1 530.00	2 040.00	1 050.00	1 800.00	700.00	281.00	86.00
	差值	1.50	18.33	54.00	189.00	513.30	290.00	30.00	-20.00	-380.00	-270.00	93.00	10.50
2016	还原	98.60	77.40	141.00	284.00	695.00	2 190.00	4 840.00	1 900.00	1 340.00	823.00	401.00	105.00
	实测	165.00	123.00	203.00	678.00	1 270.00	2 120.00	3 640.00	2 320.00	434.00	304.00	417.00	151.00
	差值	66.40	45.60	62.00	394.00	575.00	-70.00	-1 200.00	420.00	-906.00	-519.00	16.00	46.00
2017	还原	90.90	88.30	121.00	277.00	469.00	2 110.00	2 920.00	1 630.00	2 520.00	2 570.00	347.00	114.00
	实测	111.00	123.00	221.00	496.00	978.00	1 640.00	2 280.00	1 450.00	1 560.00	2 020.00	418.00	154.00
	差值	20.10	34.70	100.00	219.00	509.00	-470.00	-640.00	-180.00	-960.00	-550.00	71.00	40.00
2018	还原	181.00	123.00	153.00	325.00	825.00	1 000.00	4 650.00	3 050.00	1 550.00	1 360.00	347.00	111.00
	实测	210.00	205.00	197.00	345.00	1 220.00	1 120.00	4 340.00	3 040.00	996.00	928.00	375.00	111.00
	差值	29.00	82.00	44.00	20.00	395.00	120.00	-310.00	-10.00	-554.00	-432.00	28.00	0.00
多年平均	还原	50.80	30.70	52.10	166.00	407.00	1 280.00	3 450.00	2 390.00	2 260.00	1 090.00	368.00	59.70
	实测	69.00	61.70	86.00	270.00	805.00	1 390.00	3 160.00	2 450.00	1 730.00	681.00	370.00	75.50
	差值	18.20	31.00	33.90	104.00	398.00	110.00	-290.00	60.00	-530.00	-409.00	2.00	15.80

表 5.4　大平口各月流量还原前后对比表

（单位：m³/s）

年份	项目	1月	2月	3月	4月	5月	6月	7月	8月	9月	10月	11月	12月
2008	还原	0	0	0	74.90	99.00	329.00	630.00	903.00	992.00	378.00	434.00	4.290
	实测	0	0	0	97.30	164.00	352.00	664.00	950.00	968.00	217.00	323.00	5.640
	差值	0	0	0	22.40	65.00	23.00	34.00	47.00	-24.00	-161.00	-111.00	1.350
2009	还原	0	1.720	0.574	37.30	204.00	236.00	898.00	1 250.00	583.00	212.00	17.10	0
	实测	0	2.130	0.574	54.50	309.00	302.00	878.00	1 210.00	467.00	33.80	13.30	0
	差值	0	0.410	0	17.20	105.00	66.00	-20.00	-40.00	-116.00	-178.20	-3.80	0
2010	还原	0	0	0	3.34	85.20	455.00	1 500.00	1 040.00	849.00	288.00	33.70	0
	实测	0	0	0	0	158.00	502.00	1 390.00	1 060.00	791.00	107.00	30.60	0
	差值	0	0	0	-3.34	72.80	47.00	-110.00	20.00	-58.00	-181.00	-3.10	0
2011	还原	0	0	0.194	5.02	19.10	307.00	541.00	562.00	371.00	133.00	116.00	0
	实测	2.390	0.024	0.414	12.80	53.80	360.00	532.00	499.00	169.00	35.00	134.00	0.085
	差值	2.390	0.024	0.220	7.78	34.70	53.00	-9.00	-63.00	-202.00	-98.00	18.00	0.085
2012	还原	0.696	0	0	0	211.00	300.00	1 680.00	872.00	882.00	339.00	36.60	0
	实测	0	0	0	2.90	343.00	401.00	1 540.00	1 080.00	626.00	256.00	55.30	0
	差值	-0.696	0	0	2.90	132.00	101.00	-140.00	208.00	-256.00	-83.00	18.70	0
2013	还原	0	0	0	4.21	103.00	349.00	1 090.00	535.00	406.00	98.80	1.04	0
	实测	0	0	0	5.68	240.00	409.00	1 010.00	616.00	273.00	33.00	0	0
	差值	0	0	0	1.47	137.00	60.00	-80.00	81.00	-133.00	-65.80	-1.04	0

续表

年份	项目	1月	2月	3月	4月	5月	6月	7月	8月	9月	10月	11月	12月
2014	还原	0	0	0	19.10	5.94	286.00	836.00	757.00	1 120.00	304.00	46.90	0
	实测	0	0	0	58.90	182.00	336.00	902.00	700.00	1 010.00	216.00	63.60	4.220
	差值	0	0	0	39.80	176.06	50.00	66.00	-57.00	-110.00	-88.00	16.70	4.220
2015	还原	0	0	0	0	70.00	270.00	523.00	288.00	555.00	218.00	0	0
	实测	0	0	1.13	58.80	117.00	362.00	530.00	262.00	425.00	153.00	30.80	0
	差值	0	0	1.13	58.80	47.00	92.00	7.00	-26.00	-130.00	-65.00	30.80	0
2016	还原	0	0	0	26.10	151.00	545.00	1 300.00	477.00	315.00	191.00	48.70	0
	实测	0.613	0.036	0	143.00	286.00	511.00	946.00	601.00	63.80	18.10	55.10	0
	差值	0.613	0.036	0	116.90	135.00	-34.00	-354.00	124.00	-251.20	-172.90	6.40	0
2017	还原	0	0	0	0	42.30	489.00	776.00	363.00	574.00	571.00	2.43	0
	实测	0	0	2.72	59.00	169.00	341.00	564.00	301.00	265.00	388.00	19.60	0.217
	差值	0	0	2.72	59.00	126.70	-148.00	-212.00	-62.00	-309.00	-183.00	17.17	0.217
2018	还原	0	0	0	9.45	94.90	155.00	1 020.00	632.00	271.00	221.00	7.08	0
	实测	0.211	3.580	0	16.80	209.00	170.00	935.00	632.00	129.00	96.60	17.70	0
	差值	0.211	3.580	0	7.35	114.10	15.00	-85.00	0	-142.00	-124.40	10.62	0
多年平均	还原	0.063	0.156	0.07	16.30	98.70	338.00	981.00	698.00	629.00	269.00	67.60	0.390
	实测	0.292	0.525	0.44	46.30	203.00	368.00	899.00	719.00	472.00	141.00	67.50	0.924
	差值	0.229	0.369	0.37	30.00	104.30	30.00	-82.00	21.00	-157.00	-128.00	-0.10	0.534

5.2.3　实际调度实践对藕池口水文情势的影响

三峡水库蓄水运行后，藕池口径流年内分配过程出现了一定的变化，藕池口各月流量还原前后对比见表 5.5，表现为 4 月、5 月、6 月和 8 月平均流量有一定增加，蓄水期（主要是 9～11 月）月平均流量有一定减少。与还原情况相比，月平均流量减少的月份主要有7 月、9 月、10 月和 11 月，减少幅度在 10.7%～45.5%，其中 10 月减少幅度最大；12 月～次年 3 月三峡水库蓄水运行前后均处于断流状态，在三峡水库调控以后，4～6 月及 8 月实测流量有所增加，增加幅度在 12.80～90.00 m³/s。

5.2.4　影响程度分析

三峡水库蓄水运行后，荆南四河地区过境水资源量的年内分配过程出现了一定的变化，荆南四河各月流量还原前后对比见图 5.2，表现为枯水期月平均流量有一定的增加，蓄水期（主要是 9～11 月）月平均流量有一定的减少。较还原情况相比，月平均流量减少的月份主要有 7 月、9 月、10 月和 11 月，减少幅度在 2.05%～40.64%，其中 10 月减少的幅度最大；年内其他月份月平均流量有一定的增加，增加的幅度在 2.94%～101.29%，增加幅度最大的月份是 2 月。

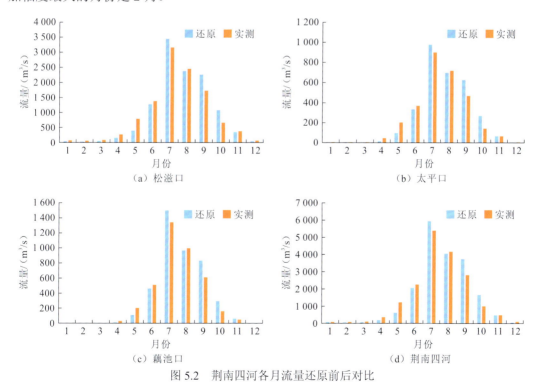

图 5.2　荆南四河各月流量还原前后对比

表 5.5　藕池口各月流量还原前后对比

（单位：m³/s）

年份	项目	1月	2月	3月	4月	5月	6月	7月	8月	9月	10月	11月	12月
2008	还原	0	0	0	19.70	25.00	325.00	779.00	1 280.00	1 320.00	376.00	507.00	0
	实测	0	0	0	27.30	54.20	345.00	834.00	1 340.00	1 300.00	190.00	333.00	0
	差值	0	0	0	7.60	29.20	20.00	55.00	60.00	-20.00	-186.00	-174.00	0
2009	还原	0	0	0	8.03	169.00	253.00	1 030.00	1 600.00	637.00	131.00	0	0
	实测	0	0	0	18.90	230.00	296.00	1 010.00	1 520.00	485.00	3.03	0	0
	差值	0	0	0	10.87	61.00	43.00	-20.00	-80.00	-152.00	-127.97	0	0
2010	还原	0	0	0	1.85	69.90	540.00	2 190.00	1 360.00	1 100.00	189.00	8.20	0
	实测	0	0	0	0	123.00	630.00	1 990.00	1 350.00	1 000.00	63.80	6.51	0
	差值	0	0	0	-1.85	53.10	90.00	-200.00	-10.00	-100.00	-125.20	-1.69	0
2011	还原	0	0	0	0	-18.70	333.00	621.00	584.00	354.00	75.60	49.50	0
	实测	0	0	0	0	3.01	378.00	602.00	516.00	112.00	1.82	60.30	0
	差值	0	0	0	0	21.71	45.00	-19.00	-68.00	-242.00	-73.78	10.80	0
2012	还原	0	0	0	0	200.00	387.00	2 480.00	1 090.00	1 210.00	340.00	5.00	0
	实测	0	0	0	0	365.00	574.00	2 210.00	1 450.00	775.00	233.00	5.00	0
	差值	0	0	0	0	165.00	187.00	-270.00	360.00	-435.00	-107.00	0	0
2013	还原	0	0	0	0	117.00	436.00	1 360.00	571.00	415.00	69.60	0	0
	实测	0	0	0	0	238.00	532.00	1 220.00	699.00	253.00	31.40	0	0
	差值	0	0	0	0	121.00	96.00	-140.00	128.00	-162.00	-38.20	0	0

续表

年份	项目	1月	2月	3月	4月	5月	6月	7月	8月	9月	10月	11月	12月
2014	还原	0	0	0	0	20.50	350.00	1180.00	1080.00	1670.00	398.00	92.30	0
	实测	0	0	0	23.20	145.00	407.00	1290.00	1010.00	1470.00	273.00	106.00	0
	差值	0	0	0	23.20	124.5	57.00	110.00	-70.00	-200.00	-125.00	13.70	0
2015	还原	0	0	0	20.00	90.00	498.00	962.00	385.00	783.00	236.00	15.00	0
	实测	0	0	0	24.00	111.00	696.00	978.00	315.00	586.00	153.00	18.60	0
	差值	0	0	0	4.00	21.00	198.00	16.00	-70.00	-197.00	-83.00	3.60	0
2016	还原	0	0	0	108.00	369.00	931.00	2510.00	907.00	250.00	135.00	17.30	0
	实测	0	0	0	189.00	577.00	926.00	1860.00	1090.00	22.20	0	20.60	0
	差值	0	0	0	81.00	208.00	-5	-650.00	183.00	-227.80	-135.00	3.30	0
2017	还原	0	0	0	0	102.00	836.00	1590.00	600.00	1050.00	1030.00	35.20	0
	实测	0	0	0	14.20	180.00	622.00	1090.00	518.00	512.00	702.00	43.30	0
	差值	0	0	0	14.20	78.00	-214.00	-500.00	-82.00	-538.00	-328.00	8.10	0
2018	还原	0	0	0	0	136.00	237.00	1830.00	1170.00	383.00	348.00	2.00	0
	实测	0	0	0	1.09	238.00	263.00	1650.00	1180.00	209.00	161.00	3.40	0
	差值	0	0	0	1.09	102.00	26.00	-180.00	10.00	-174.00	-187.00	1.40	0
多年平均	还原	0	0	0	14.30	116.00	466.00	1500.00	965.00	834.00	303.00	66.50	0
	实测	0	0	0	27.10	206.00	516.00	1340.00	998.00	612.00	165.00	54.30	0
	差值	0	0	0	12.80	90.00	50.00	-160.00	33.00	-222.00	-138.00	-12.20	0

5.3　不同调度方案对荆南四河水文情势的影响

5.3.1　调度规则简介

《三峡工程初步设计确定的调度方案》中水资源调度方式为：三峡水库蓄水时间为 10 月 1 日，起蓄水位为 145 m，10 月蓄水期间，一般情况下三峡水库按三峡电站保证出力对应流量进行下泄，以下简称"初设调度方案"。

《三峡水库优化调度方案》（水建管〔2009〕519 号）中水资源调度方式为：三峡水库蓄水时间为 9 月 15 日，起蓄水位为 145 m，实时调度中水库水位可在防洪限制水位 145 m 以下 0.1 m 至以上 1.5 m 内变动，以下简称"优化调度方案"。提前蓄水期间，一般情况下控制水库下泄流量不小于 8 000~10 000 m³/s。当水库来水流量大于 8 000 m³/s 但小于 10 000 m³/s 时，按来水流量下泄，水库暂停蓄水；当水库来水流量小于 8 000 m³/s 时，若水库已蓄水，可根据来水情况适当补水至 8 000 m³/s 下泄，水库 9 月底控制蓄水位为 158 m。10 月蓄水期间，一般情况下水库上、中、下旬的下泄流量分别按不小于 8 000 m³/s、7 000 m³/s、6 500 m³/s 控制，当水库来水流量小于以上流量时，可按来水流量下泄。11 月蓄水期间，水库最小下泄流量按保证葛洲坝庙嘴站下游水位不低于 39.0 m 和三峡电站保证出力对应的流量控制。

《三峡（正常运行期）—葛洲坝水利枢纽梯级调度规程》（水建管〔2015〕360 号）中水资源调度方式为：三峡水库蓄水时间为 9 月 10 日，起蓄水位为 145 m，实时调度中水库水位可在防洪限制水位 145 m 以下 0.1 m 至以上 1.5 m 内变动，以下简称"规程调度方案"。提前蓄水期间，一般情况下控制水库下泄流量不小于 8 000~10 000 m³/s。当水库来水流量大于 8 000 m³/s 但小于 10 000 m³/s 时，按来水流量下泄，水库暂停蓄水；当水库来水流量小于 8 000 m³/s 时，若水库已蓄水，可根据来水情况适当补水至 8 000 m³/s 下泄。10 月蓄水期间，一般情况下水库的下泄流量按不小于 8 000 m³/s 控制，当水库来水流量小于以上流量时，可按来水流量下泄。11~12 月，水库最小下泄流量按保证葛洲坝下游庙嘴站水位不低于 39 m 和三峡电站发电出力不小于保证出力控制。一般情况下，三峡水库 9 月底控制蓄水位至 162 m，根据来水情况，经国家人民防空办公室同意后可调整至 165 m，10 月底可蓄至 175 m。

三峡水库各个方案调度规则对比见表 5.6。

表 5.6　三峡水库各个方案调度规则对比

项目	初设调度方案	优化调度方案	规程调度方案
水库开始蓄水时间	10 月 1 日	9 月 15 日	9 月 10 日
起蓄水位/m	145	145（−0.1~1.5）	145（−0.1~1.5）
水位涨幅/m	—	≤3	≤3
水位控制节点	—	水库 9 月底控制蓄水位（158 m）	水库 9 月底控制蓄水位可调整至 165 m，10 月底蓄至 175 m

续表

项目		初设调度方案	优化调度方案	规程调度方案
水库蓄水期控制下泄流量/（m³/s）	9 月	—	8 000～10 000	8 000～10 000
	10 月上旬	三峡电站保证出力对应流量	8 000	8 000
	10 月中旬		7 000	8 000
	10 月下旬		6 500	8 000
	11 月	—	按保证葛洲坝下游庙嘴站水位不低于 39 m 和三峡电站保证出力对应流量控制	按保证葛洲坝下游庙嘴站水位不低于 39 m 和三峡电站保证出力对应流量控制

依据初设调度方案、优化调度方案及规程调度方案对三峡水库 2008～2018 年进行蓄水模拟调度，得到三种情境下的宜昌站 9～11 月的逐日流量和水位过程，统计分析各个调度方案的蓄满时间见表 5.7。从表 5.7 可以看出，除去 2008～2009 年客观因素的影响，实际调度实践在 2010 年后蓄满率为 100%，其他蓄水方案在 2013 年均没有蓄满。从蓄满的时间来看，规程调度方案蓄满时间较早，基本在 10 月中旬蓄满，实际调度实践蓄满时间较晚，在 10 月下旬至 11 月上旬蓄满。

表 5.7　不同蓄水方案三峡水库蓄满时间统计表

年份	初设调度方案	优化调度方案	规程调度方案	实际调度实践
2008	10 月 26 日	10 月 15 日	10 月 11 日	未蓄满
2009	未蓄满	10 月 28 日	10 月 24 日	未蓄满
2010	11 月 3 日	10 月 23 日	10 月 21 日	11 月 2 日
2011	11 月 7 日	11 月 9 日	11 月 8 日	11 月 7 日
2012	10 月 20 日	10 月 13 日	10 月 11 日	10 月 30 日
2013	未蓄满	未蓄满	未蓄满	11 月 12 日
2014	10 月 23 日	10 月 15 日	10 月 10 日	10 月 31 日
2015	10 月 24 日	10 月 15 日	10 月 12 日	10 月 28 日
2016	11 月 3 日	10 月 27 日	10 月 25 日	11 月 1 日
2017	10 月 12 日	10 月 9 日	10 月 7 日	10 月 21 日
2018	10 月 18 日	10 月 13 日	10 月 11 日	10 月 31 日

5.3.2　不同调度方案对松滋口水文情势的影响

优化调度方案自 9 月 15 日开始蓄水，规程调度方案自 9 月 10 日开始蓄水，在多数年份下 9 月中旬，实际调度实践对松滋口流量影响最小，规程调度方案对松滋口流量影响最大。9 月下旬，各方案对松滋口流量影响略有不同：实际调度实践的多年旬平均流量减少

565.0 m³/s；规程调度方案的多年旬平均流量减少 178.0 m³/s；优化调度方案的多年旬平均流量减少 331.0 m³/s。

初设调度方案在 10 月 1 日开始蓄水，10 月上旬各个调度方案平均流量均较还原情况有所减少，实际调度实践、规程调度方案、优化调度方案和初设调度方案多年旬平均流量分别减少 675.0 m³/s、1 240.0 m³/s、1 290.0 m³/s 和 1 360.0 m³/s。多数年份下 10 月中旬各个调度方案平均流量均较还原情况有所减少，规程调度方案、实际调度实践、优化调度方案和初设调度方案多年旬平均流量分别减少 303.0 m³/s、384.0 m³/s、518.0 m³/s 和 809.0 m³/s。10 月下旬规程调度方案对流量的影响最小，多年旬平均流量减少 59.5 m³/s；其次是优化调度方案，多年旬平均流量减少 128.0 m³/s；实际调度实践的多年旬平均流量减少 184.0 m³/s；初设调度方案多年旬平均流量减少 297.0 m³/s。

各个方案对松滋口多数年份下 11 月的流量变化表现为实际调度实践变化最小，初设调度方案变化最大。11 月下旬，各个方案对流量影响规律性不强，2008～2018 年蓄水期来水较正常，大部分年份实际调度在 10 月底蓄水至 175 m，故 11 月下旬各个调度方案对松滋口流量影响不大。不同蓄水方案对松滋口 2008～2018 年蓄水期旬平均流量的影响见表 5.8。

表 5.8　不同蓄水方案对松滋口 2008～2018 年蓄水期旬平均流量影响表　　（单位：m³/s）

年份	统计项目	9 月			10 月			11 月		
		上旬	中旬	下旬	上旬	中旬	下旬	上旬	中旬	下旬
2008	还原流量①	3 630	2 800	2 320	2 070	924	659	2 700	1 070	281
	实际调度实践②	3 520	2 860	2 160	1 100	842	103	1 800	1 010	394
	初设调度方案③	3 630	2 800	2 320	310	63.6	333	2 700	1 070	281
	优化调度方案④	3 630	1 640	2 100	281	405	659	2 700	1 070	281
	规程调度方案⑤	3 630	1 040	2 290	283	745	659	2 700	1 070	281
	②−①	−110	60	−160	−970	−82	−556	−900	−60	113
	③−①	0	0	0	−1 760	−860.4	−326	0	0	0
	④−①	0	−1 160	−220	−1 789	−519	0	0	0	0
	⑤−①	0	−1 760	−30	−1 787	−179	0	0	0	0
2009	还原流量①	2 200	1 570	1 580	1 000	718	449	193	37.9	24.8
	实际调度实践②	2 000	1 310	782	187	97.2	174	158	27.2	20.7
	初设调度方案③	2 200	1 570	1 580	134	69.1	75	67.5	27.6	23.5
	优化调度方案④	2 200	683	1 080	183	81.6	139	191	37.9	26.4
	规程调度方案⑤	2 200	288	1 130	184	126	269	192	37.9	26.4
	②−①	−200	−260	−798	−813	−620.8	−275	−35	−10.7	−4.1
	③−①	0	0	0	−866	−648.9	−374	−125.5	−10.3	−1.3
	④−①	0	−887	−500	−817	−636.4	−310	−2	0	1.6
	⑤−①	0	−1 282	−450	−816	−592	−180	−1	0	1.6

续表

年份	统计项目	9 月			10 月			11 月		
		上旬	中旬	下旬	上旬	中旬	下旬	上旬	中旬	下旬
2010	还原流量①	2 710	3 360	1 750	1 110	1 050	878	356	110	61.9
	实际调度实践②	2 660	2 870	1 690	285	295	680	326	109	57.2
	初设调度方案③	2 710	3 360	1 750	210	161	185	253	110	61.9
	优化调度方案④	2 710	2 340	1 510	271	180	556	356	110	61.9
	规程调度方案⑤	2 710	1 490	1 730	273	228	780	356	110	61.9
	②－①	−50	−490	−60	−825	−755	−198	−30	−1	−4.7
	③－①	0	0	0	−900	−889	−693	−103	0	0
	④－①	0	−1 020	−240	−839	−870	−322	0	0	0
	⑤－①	0	−1 870	−20	−837	−822	−98	0	0	0
2011	还原流量①	687	1 300	2 230	595	651	270	667	685	188
	实际调度实践②	454	524	1 290	198	193	211	941	641	200
	初设调度方案③	687	1 300	2 230	164	117	86.4	99	184	186
	优化调度方案④	687	568	1 670	206	126	93.4	202	675	187
	规程调度方案⑤	687	376	1 460	207	169	161	253	682	187
	②－①	−233	−776	−940	−397	−458	−59	274	−44	12
	③－①	0	0	0	−431	−534	−183.6	−568	−501	−2
	④－①	0	−732	−560	−389	−525	−176.6	−465	−10	−1
	⑤－①	0	−924	−770	−388	−482	−109	−414	−3	−1
2012	还原流量①	3 810	3 210	1 760	1 780	1 340	795	337	221	53.2
	实际调度实践②	2 550	2 150	1 470	1 210	1 370	492	462	265	57.8
	初设调度方案③	3 810	3 210	1 760	228	149	663	337	222	58.5
	优化调度方案④	3 810	1 930	1 680	278	752	795	337	222	58.5
	规程调度方案⑤	3 810	1 680	2 110	264	1 400	872	350	224	58.5
	②－①	−1 260	−1 060	−290	−570	30	−303	125	44	4.6
	③－①	0	0	0	−1 552	−1 191	−132	0	1	5.3
	④－①	0	−1 280	−80	−1 502	−588	0	0	1	5.3
	⑤－①	0	−1 530	350	−1 516	60	77	13	3	5.3

年份	统计项目	9 月			10 月			11 月		
		上旬	中旬	下旬	上旬	中旬	下旬	上旬	中旬	下旬
2013	还原流量①	1 280	1 820	1 560	692	405	266	135	126	68.8
	实际调度实践②	647	1 000	1 400	434	131	125	92.5	149	70.5
	初设调度方案③	1 280	1 820	1 560	189	110	100	79.7	102	65.5
	优化调度方案④	1 280	977	1 240	233	119	106	80.1	102	65.5
	规程调度方案⑤	1 280	392	1 550	235	163	157	82.2	102	65.5
	②-①	−633	−820	−160	−258	−274	−141	−42.5	23	1.7
	③-①	0	0	0	−503	−295	−166	−55.3	−24	−3.3
	④-①	0	−843	−320	−459	−286	−160	−54.9	−24	−3.3
	⑤-①	0	−1 428	−10	−457	−242	−109	−52.8	−24	−3.3
2014	还原流量①	4 180	4 300	3 840	1 860	792	722	743	173	62.1
	实际调度实践②	3 510	4 220	3 530	1 360	595	663	977	165	55.8
	初设调度方案③	4 180	4 300	3 840	112	−35.1	432	743	173	62.1
	优化调度方案④	4 180	2 520	3 780	172	316	721	743	173	62.1
	规程调度方案⑤	4 180	2 450	3 810	180	688	722	743	173	62.1
	②-①	−670	−80	−310	−500	−197	−59	234	−8	−6.3
	③-①	0	0	0	−1 748	−827.1	−290	0	0	0
	④-①	0	−1 780	−60	−1 688	−476	−1	0	0	0
	⑤-①	0	−1 850	−30	−1 680	−104	0	0	0	0
2015	还原流量①	1 430	2 900	2 180	1 420	1 010	514	340	152	73.3
	实际调度实践②	1 540	2 200	1 660	984	694	445	514	253	77.2
	初设调度方案③	1 430	2 900	2 180	5.04	−47.8	273	339	152	73.7
	优化调度方案④	1 430	1 790	2 030	57.1	274	513	340	152	73.7
	规程调度方案⑤	1 430	1 210	2 160	58.4	679	514	340	152	73.7
	②-①	110	−700	−520	−436	−316	−69	174	101	3.9
	③-①	0	0	0	−1 414.96	−1 057.8	−241	−1	0	0.4
	④-①	0	−1 110	−150	−1 362.9	−736	−1	0	0	0.4
	⑤-①	0	−1 690	−20	−1 361.6	−331	0	0	0	0.4

续表

年份	统计项目	9 月			10 月			11 月		
		上旬	中旬	下旬	上旬	中旬	下旬	上旬	中旬	下旬
2016	还原流量①	592	1 380	2 050	993	737	748	520	513	171
	实际调度实践②	545	375	383	327	231	350	520	564	168
	初设调度方案③	592	1 380	2 050	166	133	93.5	338	515	171
	优化调度方案④	592	1 030	1 190	173	151	315	521	515	171
	规程调度方案⑤	592	774	1 170	172	190	511	523	515	171
	②-①	-47	-1 005	-1 667	-666	-506	-398	0	51	-3
	③-①	0	0	0	-827	-604	-654.5	-182	2	0
	④-①	0	-350	-860	-820	-586	-433	1	2	0
	⑤-①	0	-606	-880	-821	-547	-237	3	2	0
2017	还原流量①	2 760	2 620	2 190	3 310	2 960	1 530	635	241	183
	实际调度实践②	1 800	1 310	1 580	2 130	2 290	1 680	641	276	334
	初设调度方案③	2 760	2 620	2 190	225	2 150	1 330	635	241	183
	优化调度方案④	2 760	1 750	1 850	614	2 900	1 530	635	241	183
	规程调度方案⑤	2 760	886	2 170	1 080	2 920	1 530	635	241	183
	②-①	-960	-1 310	-610	-1 180	-670	150	6	35	151
	③-①	0	0	0	-3 085	-810	-200	0	0	0
	④-①	0	-870	-340	-2 696	-60	0	0	0	0
	⑤-①	0	-1 734	-20	-2 230	-40	0	0	0	0
2018	还原流量①	1 270	1 490	1 900	1 940	1 320	873	474	379	189
	实际调度实践②	1 070	726	1 190	1 130	948	724	524	436	166
	初设调度方案③	1 270	1 490	1 900	56.1	139	870	474	379	189
	优化调度方案④	1 270	581	1 600	120	911	872	474	379	189
	规程调度方案⑤	1 270	75.1	1 810	165	1 270	872	474	379	189
	②-①	-200	-764	-710	-810	-372	-149	50	57	-23
	③-①	0	0	0	-1 883.9	-1 181	-3	0	0	0
	④-①	0	-909	-300	-1 820	-409	-1	0	0	0
	⑤-①	0	-1 414.9	-90	-1 775	-50	-1	0	0	0

总体而言，9～11 月实际调度实践对松滋口流量的影响要小于其他几种调度方案。根据 9～11 月统计，实际调度实践的多年旬平均流量减少 284 m^3/s，规程调度方案的多年旬

平均流量减少 374 m³/s，优化调度方案的多年旬平均流量减少 389 m³/s，初设调度方案的多年旬平均流量减少 435 m³/s。

5.3.3　不同调度方案对太平口水文情势的影响

优化调度方案自 9 月 15 日开始蓄水，规程调度方案自 9 月 10 日开始蓄水，在多数年份下 9 月中旬，实际调度实践对太平口流量影响最小，规程调度方案对太平口流量影响最大。9 月下旬受上游水库蓄水的影响，各方案对太平口流量影响略有不同，实际调度实践的多年旬平均流量减少 171 m³/s；规程调度方案的多年旬平均流量减少 70 m³/s；优化调度方案的多年旬平均流量减少 107 m³/s。

初设调度方案在 10 月 1 日开始蓄水，在 10 月上旬对太平口流量影响不显著，10 月上旬各个调度方案平均流量均较还原情况有所减少，实际调度实践、规程调度方案、优化调度方案和初设调度方案多年旬平均流量分别减少 202 m³/s、373 m³/s、396 m³/s 和 403 m³/s。10 月中旬各个调度方案平均流量均较还原情况有所减少，规程调度方案、实际调度实践、优化调度方案和初设调度方案多年旬平均流量分别减少 104 m³/s、121 m³/s、160 m³/s 和 247 m³/s。10 月下旬规程调度方案对流量的影响最小，多年旬平均流量减少 24 m³/s；其次是优化调度方案，多年旬平均流量减少 42 m³/s；实际调度实践的多年旬平均流量减少 65 m³/s；初设调度方案多年旬平均流量减少 90 m³/s。

各个方案对太平口多数年份下 11 月流量变化的影响表现为实际调度实践变化最小，初设调度方案变化最大。11 月下旬，各个方案对太平口流量影响规律性不强，2008～2018 年蓄水期来水较正常，大部分年份实际调度实践在 10 月底蓄水至 175 m，故 11 月下旬各个调度方案对太平口流量影响不大，见表 5.9。

表 5.9　不同蓄水方案对太平口 2008～2018 年蓄水期旬平均流量影响表　（单位：m³/s）

年份	统计项目	9月			10月			11月		
		上旬	中旬	下旬	上旬	中旬	下旬	上旬	中旬	下旬
2008	还原流量①	1 140	1 020	814	637	304	208	852	366	82.4
	实际调度实践②	1 110	1 040	759	372	273	26.8	508	338	122
	初设调度方案③	1 140	1 020	814	138	25.6	93.1	852	366	82.4
	优化调度方案④	1 140	659	731	113	133	208	852	366	82.4
	规程调度方案⑤	1 140	488	791	114	262	208	852	366	82.4
	②-①	-30	20	-55	-265	-31	-181.2	-344	-28	39.6
	③-①	0	0	0	-499	-278.4	-114.9	0	0	0
	④-①	0	-361	-83	-524	-171	0	0	0	0
	⑤-①	0	-532	-23	-523	-42	0	0	0	0

续表

年份	统计项目	9 月			10 月			11 月		
		上旬	中旬	下旬	上旬	中旬	下旬	上旬	中旬	下旬
2009	还原流量①	730	550	469	287	210	146	50.8	0.597	0
	实际调度实践②	675	462	265	40.3	4.94	54.2	39.6	0.209	0
	初设调度方案③	730	550	469	30.3	2.79	38.1	21.1	0.155	0
	优化调度方案④	730	302	323	40.1	2.92	48.9	49.4	0.594	0
	规程调度方案⑤	730	177	335	40.2	7.38	81.8	50.5	0.596	0
	②−①	−55	−88	−204	−246.7	−205.06	−91.8	−11.2	−0.388	0
	③−①	0	0	0	−256.7	−207.21	−107.9	−29.7	−0.442	0
	④−①	0	−248	−146	−246.9	−207.08	−97.1	−1.4	−0.003	0
	⑤−①	0	−373	−134	−246.8	−202.62	−64.2	−0.3	−0.001	0
2010	还原流量①	939	1 090	522	313	299	256	94.9	5.64	0.638
	实际调度实践②	905	945	522	65.2	55.2	192	86.4	4.72	0.729
	初设调度方案③	939	1 090	522	43.7	27.2	29	54.4	5.58	0.638
	优化调度方案④	939	767	435	60.5	28.4	144	94.7	5.64	0.638
	规程调度方案⑤	939	537	506	61	40.2	219	94.9	5.64	0.638
	②−①	−34	−145	0	−247.8	−243.8	−64	−8.5	−0.92	0.091
	③−①	0	0	0	−269.3	−271.8	−227	−40.5	−0.06	0
	④−①	0	−323	−87	−252.5	−270.6	−112	−0.2	0	0
	⑤−①	0	−553	−16	−252	−258.8	−37	0	0	0
2011	还原流量①	173	326	615	169	177	61.6	143	172	32.6
	实际调度实践②	87.6	97.1	323	42.6	23.5	38.6	211	156	34.9
	初设调度方案③	173	326	615	37.3	12.4	7.22	−17.3	14.2	30.7
	优化调度方案④	173	127	450	45.9	12.6	7.22	6.46	177	32.5
	规程调度方案⑤	173	57.5	389	45.8	17.8	20.3	22.3	175	32.5
	②−①	−85.4	−228.9	−292	−126.4	−153.5	−23	68	−16	2.3
	③−①	0	0	0	−131.7	−164.6	−54.38	−160.3	−157.8	−1.9
	④−①	0	−199	−165	−123.1	−164.4	−54.38	−136.54	5	−0.1
	⑤−①	0	−268.5	−226	−123.2	−159.2	−41.3	−120.7	3	−0.1

续表

年份	统计项目	9 月			10 月			11 月		
		上旬	中旬	下旬	上旬	中旬	下旬	上旬	中旬	下旬
2012	还原流量①	1 220	942	483	463	352	215	71.6	37.2	0.881
	实际调度实践②	867	609	403	322	341	119	111	54.1	0.845
	初设调度方案③	1 220	942	483	37	6.45	175	71.5	37.2	0.882
	优化调度方案④	1 220	550	440	48.1	191	215	71.6	37.2	0.882
	规程调度方案⑤	1 220	417	467	48.4	301	215	71.6	37.2	0.882
	②-①	-353	-333	-80	-141	-11	-96	39.4	16.9	-0.036
	③-①	0	0	0	-426	-345.55	-40	-0.1	0	0.001
	④-①	0	-392	-43	-414.9	-161	0	0	0	0.001
	⑤-①	0	-525	-16	-414.6	-51	0	0	0	0.001
2013	还原流量①	358	539	321	182	82.3	38.5	7.21	-4.04	-0.051
	实际调度实践②	211	331	275	102	0.196	0	0	0	0
	初设调度方案③	358	539	321	19.9	-1.82	-0.06	-0.076	-4.38	-0.051
	优化调度方案④	358	299	235	31.6	-1.56	-0.06	-0.076	-4.38	-0.051
	规程调度方案⑤	358	140	322	32	4.62	4.64	0.276	-4.38	-0.051
	②-①	-147	-208	-46	-80	-82.104	-38.5	-7.21	4.04	0.051
	③-①	0	0	0	-162.1	-84.12	-38.56	-7.286	-0.34	0
	④-①	0	-240	-86	-150.4	-83.86	-38.56	-7.286	-0.34	0
	⑤-①	0	-399	1	-150	-77.68	-33.86	-6.934	-0.34	0
2014	还原流量①	1 140	1 150	1 060	558	201	166	119	20.3	1.01
	实际调度实践②	957	1 120	965	376	144	135	169	21.4	0.829
	初设调度方案③	1 140	1 150	1 060	18.7	-63.8	66.6	119	20.3	1.01
	优化调度方案④	1 140	619	1 030	34.5	46.8	166	119	20.3	1.01
	规程调度方案⑤	1 140	596	1 040	36.4	173	166	119	20.3	1.01
	②-①	-183	-30	-95	-182	-57	-31	50	1.1	-0.181
	③-①	0	0	0	-539.3	-264.8	-99.4	0	0	0
	④-①	0	-531	-30	-523.5	-154.2	0	0	0	0
	⑤-①	0	-554	-20	-521.6	-28	0	0	0	0

续表

年份	统计项目	9 月			10 月			11 月		
		上旬	中旬	下旬	上旬	中旬	下旬	上旬	中旬	下旬
2015	还原流量①	364	704	597	348	216	100	26.9	−26.5	−1.13
	实际调度实践②	396	496	383	240	155	72.2	85.9	6.28	0.294
	初设调度方案③	364	704	597	−60.1	−92.6	10.8	26.2	−26.5	−1.13
	优化调度方案④	364	365	537	−48.6	7.94	100	26.8	−26.5	−1.13
	规程调度方案⑤	364	201	578	−47.4	121	100	26.8	−26.5	−1.13
	②−①	32	−208	−214	−108	−61	−27.8	59	32.78	1.424
	③−①	0	0	0	−408.1	−308.6	−89.2	−0.7	0	0
	④−①	0	−339	−60	−396.6	−208.06	0	−0.1	0	0
	⑤−①	0	−503	−19	−395.4	−95	0	−0.1	0	0
2016	还原流量①	103	327	517	238	175	164	83.6	61.9	0.447
	实际调度实践②	104	46.6	41.2	27.4	1.61	24.6	80.3	84.6	0.483
	初设调度方案③	103	327	517	−14.4	−16.4	−42.4	20.2	62.6	0.472
	优化调度方案④	103	224	259	−21.4	−15.9	17.5	83.8	62.5	0.473
	规程调度方案⑤	103	159	251	−21.9	−11.8	77.3	84.5	62.5	0.473
	②−①	1	−280.4	−475.8	−210.6	−173.39	−139.4	−3.3	22.7	0.036
	③−①	0	0	0	−252.4	−191.4	−206.4	−63.4	0.7	0.025
	④−①	0	−103	−258	−259.4	−190.9	−146.5	0.2	0.6	0.026
	⑤−①	0	−168	−266	−259.9	−186.8	−86.7	0.9	0.6	0.026
2017	还原流量①	650	605	468	808	645	287	58	−9.97	−40.7
	实际调度实践②	317	208	270	444	425	302	53.3	2.94	2.68
	初设调度方案③	650	605	468	−114	372	274	57.9	−9.98	−40.7
	优化调度方案④	650	355	360	−2.97	606	279	57.9	−9.98	−40.7
	规程调度方案⑤	650	102	446	134	616	281	58.2	−10.0	−40.7
	②−①	−333	−397	−198	−364	−220	15	−4.7	12.91	43.38
	③−①	0	0	0	−922	−273	−13	−0.1	−0.01	0
	④−①	0	−250	−108	−810.97	−39	−8	−0.1	−0.01	0
	⑤−①	0	−503	−22	−674	−29	−6	0.2	−0.03	0

续表

年份	统计项目	9 月			10 月			11 月		
		上旬	中旬	下旬	上旬	中旬	下旬	上旬	中旬	下旬
2018	还原流量①	176	246	392	424	166	85.9	9.94	3.05	8.27
	实际调度实践②	138	80.4	168	169	75.2	50.4	29.9	23	0.277
	初设调度方案③	176	246	392	−138	−163	86.6	9.90	3.07	8.27
	优化调度方案④	176	7.76	286	−120	50.6	85.7	9.87	3.07	8.25
	规程调度方案⑤	176	−142	363	−114	150	85.7	9.88	3.06	8.27
	②−①	−38	−165.6	−224	−255	−90.8	−35.5	19.96	19.95	−7.993
	③−①	0	0	0	−562	−329	0.7	−0.04	0.02	0
	④−①	0	−238.24	−106	−544	−115.4	−0.2	−0.07	0.02	−0.02
	⑤−①	0	−388	−29	−538	−16	−0.2	−0.06	0.01	0

总体而言，实际调度实践对太平口流量的影响要小于其他几种调度方案。根据统计，实际调度实践的多年旬平均流量减少 96 m³/s，规程调度方案的多年旬平均流量减少 127 m³/s，优化调度方案的多年旬平均流量减少 129 m³/s，初设调度方案的多年旬平均流量减少 130 m³/s。

5.3.4　不同调度方案对藕池口水文情势的影响

优化调度方案自 9 月 15 日开始蓄水，规程调度方案自 9 月 10 日开始蓄水，在 9 月中旬，实际调度实践的多年旬平均流量减少 270 m³/s；规程调度方案的多年旬平均流量减少 582 m³/s；优化调度方案的多年旬平均流量减少 340 m³/s。9 月下旬，各方案对藕池口流量的影响略有不同，实际调度实践的多年旬平均流量减少 241 m³/s；规程调度方案的多年旬平均流量减少 140 m³/s；优化调度方案的多年旬平均流量减少 205 m³/s。

初设调度方案在 10 月 1 日开始蓄水，在 10 月上旬对藕池口流量影响不显著，10 月上旬各个调度方案平均流量均较还原情况有所减少，实际调度实践、规程调度方案、优化调度方案和初设调度方案多年旬平均流量分别减少 263 m³/s、378 m³/s、391 m³/s 和 395 m³/s。10 月中旬各个调度方案平均流量均较还原情况有所减少，规程调度方案、优化调度方案、实际调度实践和初设调度方案多年旬平均流量分别减少 97.6 m³/s、109 m³/s、138 m³/s 和 206 m³/s。多数年份下 10 月下旬各个调度方案平均流量均较还原情况有所减少，规程调度方案、优化调度方案、实际调度实践和初设调度方案多年旬平均流量分别减少 20 m³/s、30 m³/s、50 m³/s 和 68 m³/s。各个方案对藕池口 11 月的流量变化影响不大。总体而言，各个调度方案对藕池口流量的影响均较小，多年平均影响下不超过 140 m³/s。不同蓄水方案对藕池口 2008～2018 年蓄水期旬平均流量影响见表 5.10。

表 5.10　不同蓄水方案对藕池口 2008～2018 年蓄水期旬平均流量影响表　（单位：m³/s）

年份	统计项目	9 月			10 月			11 月		
		上旬	中旬	下旬	上旬	中旬	下旬	上旬	中旬	下旬
2008	还原流量①	1 690	1 320	943	794	226	134	890	577	53.2
	实际调度实践②	1 670	1 340	899	380	208	2.75	436	480	86
	初设调度方案③	1 690	1 320	943	265	36.2	37.1	887	576	53.4
	优化调度方案④	1 690	845	726	240	95.8	133	889	577	53.2
	规程调度方案⑤	1 690	453	853	242	184	134	889	577	53.2
	②-①	−20	20	−44	−414	−18	−131.25	−454	−97	32.8
	③-①	0	0	0	−529	−189.8	−96.9	−3	−1	0.2
	④-①	0	−475	−217	−554	−130.2	−1	−1	0	0
	⑤-①	0	−867	−90	−552	−42	0	−1	0	0
2009	还原流量①	915	562	432	183	146	69.7	4.97	0	0
	实际调度实践②	814	430	214	9.4	0	0	0	0	0
	初设调度方案③	915	562	432	19.4	0	−0.152	−0.407	0	0
	优化调度方案④	915	346	219	22.5	0	0.364	2.55	0	0
	规程调度方案⑤	915	255	225	22.5	0	14	4.48	0	0
	②-①	−101	−132	−218	−173.6	−146	−69.7	−4.97	0	0
	③-①	0	0	0	−163.6	−146	−69.852	−5.377	0	0
	④-①	0	−216	−213	−160.5	−146	−69.336	−2.42	0	0
	⑤-①	0	−307	−207	−160.5	−146	−55.7	−0.49	0	0
2010	还原流量①	1 140	1 460	685	214	190	166	23.8	0.758	0
	实际调度实践②	1 110	1 190	704	47.9	14.5	123	18.8	0.758	0
	初设调度方案③	1 140	1 460	685	41.2	6.78	5.65	−10.4	0.758	0
	优化调度方案④	1 140	1 050	497	46.3	6.78	78.6	24	0.758	0
	规程调度方案⑤	1 140	549	615	47.1	6.78	130	23.8	0.758	0
	②-①	−30	−270	19	−166.1	−175.5	−43	−5	0	0
	③-①	0	0	0	−172.8	−183.22	−160.35	−34.2	0	0
	④-①	0	−410	−188	−167.7	−183.22	−87.4	0.2	0	0
	⑤-①	0	−911	−70	−166.9	−183.22	−36	0	0	0

年份	统计项目	9 月			10 月			11 月		
		上旬	中旬	下旬	上旬	中旬	下旬	上旬	中旬	下旬
2011	还原流量①	97.5	221	744	103	106	23.5	45.5	98.7	4.16
	实际调度实践②	26.3	17.9	292	5.61	0.021	0	96.4	84.2	0.34
	初设调度方案③	97.5	221	744	9.54	0.021	−5.98	−32.0	−18.5	0.736
	优化调度方案④	97.5	68.7	478	9.79	0.021	−5.98	−30.8	97.2	4.16
	规程调度方案⑤	97.5	7.65	402	9.41	0.021	−5.98	−22.2	98.9	4.16
	②−①	−71.2	−203.1	−452	−97.39	−105.979	−23.5	50.9	−14.5	−3.82
	③−①	0	0	0	−93.46	−105.979	−29.48	−77.5	−117.2	−3.424
	④−①	0	−152.3	−266	−93.21	−105.979	−29.48	−76.3	−1.5	0
	⑤−①	0	−213.35	−342	−93.59	−105.979	−29.48	−67.7	0.2	0
2012	还原流量①	1 530	1 330	734	511	419	113	−14.1	−18.2	0
	实际调度实践②	949	812	567	305	372	40.8	15.0	0	0
	初设调度方案③	1 530	1 330	734	135	135	72.9	−14.3	−18.2	0
	优化调度方案④	1 530	828	560	139	244	113	−14.1	−18.2	0
	规程调度方案⑤	1 530	535	641	139	311	113	−14.1	−18.2	0
	②−①	−581	−518	−167	−206	−47	−72.2	29.1	18.2	0
	③−①	0	0	0	−376	−284	−40.1	−0.2	0	0
	④−①	0	−502	−174	−372	−175	0	0	0	0
	⑤−①	0	−795	−93	−372	−108	0	0	0	0
2013	还原流量①	227	533	486	154	54.2	6.96	0	0	0
	实际调度实践②	140	237	384	97.2	0.038	0	0	0	0
	初设调度方案③	227	533	486	40.4	0	0	0	0	0
	优化调度方案④	227	280	351	43.8	0	0	0	0	0
	规程调度方案⑤	227	120	427	44.1	0	0	0	0	0
	②−①	−87	−296	−102	−56.8	−54.162	−6.96	0	0	0
	③−①	0	0	0	−113.6	−54.2	−6.96	0	0	0
	④−①	0	−253	−135	−110.2	−54.2	−6.96	0	0	0
	⑤−①	0	−413	−59	−109.9	−54.2	−6.96	0	0	0

续表

年份	统计项目	9 月			10 月			11 月		
		上旬	中旬	下旬	上旬	中旬	下旬	上旬	中旬	下旬
2014	还原流量①	1 730	1 640	1 640	933	175	112	265	12.2	0
	实际调度实践②	1 370	1 570	1 490	608	143	85.7	299	19.2	0
	初设调度方案③	1 730	1 640	1 640	329	-6.8	27.7	264	12.2	0
	优化调度方案④	1 730	844	1 490	329	54.9	112	265	12.2	0
	规程调度方案⑤	1 730	734	1 550	331	143	112	265	12.2	0
	②-①	-360	-70	-150	-325	-32	-26.3	34	7	0
	③-①	0	0	0	-604	-181.8	-84.3	-1	0	0
	④-①	0	-796	-150	-604	-120.1	0	0	0	0
	⑤-①	0	-906	-90	-602	-32	0	0	0	0
2015	还原流量①	423	1 020	899	511	169	46	14.1	-25.9	0
	实际调度实践②	484	722	552	311	142	18.1	55.7	0	0
	初设调度方案③	423	1 020	899	133	-29	-31.3	13.9	-25.4	0
	优化调度方案④	423	619	723	135	28.9	46.7	15.2	-25.4	0
	规程调度方案⑤	423	306	830	136	97.6	47	15.3	-25.4	0
	②-①	61	-298	-347	-200	-27	-27.9	41.6	25.9	0
	③-①	0	0	0	-378	-198	-77.3	-0.2	0.5	0
	④-①	0	-401	-176	-376	-140.1	0.7	1.1	0.5	0
	⑤-①	0	-714	-69	-375	-71.4	1	1.2	0.5	0
2016	还原流量①	36.6	228	485	161	133	113	18.9	33	0
	实际调度实践②	61.3	5.29	0	0	0	0	14	47.7	0
	初设调度方案③	36.6	228	485	-1.98	0	-26.6	-34.7	33.5	0
	优化调度方案④	36.6	168	160	-20	0	1.24	18.2	33.4	0
	规程调度方案⑤	36.6	87	150	-20.4	0	41.1	19.4	33.4	0
	②-①	24.7	-222.71	-485	-161	-133	-113	-4.9	14.7	0
	③-①	0	0	0	-162.98	-133	-139.6	-53.6	0.5	0
	④-①	0	-60	-325	-181	-133	-111.76	-0.7	0.4	0
	⑤-①	0	-141	-335	-181.4	-133	-71.9	0.5	0.4	0

年份	统计项目	9 月			10 月			11 月		
		上旬	中旬	下旬	上旬	中旬	下旬	上旬	中旬	下旬
2017	还原流量①	1 110	1 240	810	1 370	1 170	601	132	-10.1	0
	实际调度实践②	668	411	456	716	824	579	130	0.12	0
	初设调度方案③	1 110	1 240	810	209	675	554	132	-10.2	0
	优化调度方案④	1 110	961	601	274	1 010	571	132	-10.1	0
	规程调度方案⑤	1 110	407	731	417	1 050	577	132	-10.2	0
	②-①	-442	-829	-354	-654	-346	-22	-2	10.22	0
	③-①	0	0	0	-1 161	-495	-47	0	-0.1	0
	④-①	0	-279	-209	-1 096	-160	-30	0	0	0
	⑤-①	0	-833	-79	-953	-120	-24	0	-0.1	0
2018	还原流量①	391	204	555	692	302	77.1	-8.05	-11.8	7.31
	实际调度实践②	347	72.3	208	253	182	57.8	8.1	2.1	0
	初设调度方案③	391	204	555	96	1.86	77.5	-8.75	-11.7	7.31
	优化调度方案④	391	22.8	352	103	135	77.0	-8.85	-11.8	7.31
	规程调度方案⑤	391	-85.1	446	104	222	77.0	-8.19	-11.8	7.31
	②-①	-44	-131.7	-347	-439	-120	-19.3	16.15	13.9	-7.31
	③-①	0	0	0	-596	-300.14	0.4	-0.7	0.1	0
	④-①	0	-181.2	-203	-589	-167	-0.1	-0.8	0	0
	⑤-①	0	-289.1	-109	-588	-80	-0.1	-0.14	0	0

5.3.5　影响程度分析

9～11 月实际调度实践对荆南四河流量的影响要小于其他几种调度方案。根据 9～11 月统计，实际调度实践的多年旬平均流量减少 503 m³/s，规程调度方案的多年旬平均流量减少 637 m³/s，优化调度方案的多年旬平均流量减少 641 m³/s，初设调度方案的多年旬平均流量减少 643 m³/s，不同调度方案对荆南四河多年旬平均流量的影响图见图 5.3。

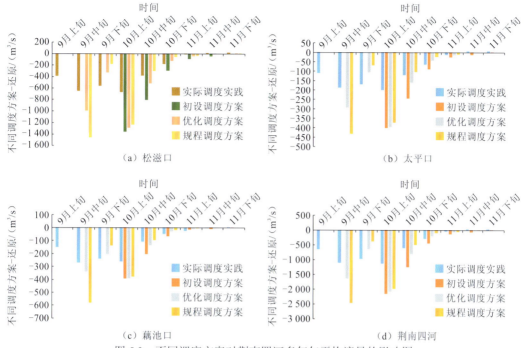

图 5.3　不同调度方案对荆南四河多年旬平均流量的影响图

第6章

冲淤变化等要素对荆南四河水文情势的影响

　　将宜昌站2008～2018年的还原流量作为模型输入边界条件，分别采用建库前后的地形资料模拟梯级水库群运行后的荆南四河典型控制站水位与流量过程，分析河道冲淤变化对荆南四河水文情势的影响。在计算出多要素引起的总水量变化的前提下，对本章与第 5 章实际调度实践对荆南四河水文情势的影响成果进行比较，将水库调度及河道冲淤变化两个因素分别剥离出来，评估冲淤变化、水库调度及其他因素对荆南四河水资源量的影响程度。

6.1　冲淤变化对荆南四河水文情势的影响

6.1.1　对松滋口水文情势的影响

1．新江口站

将宜昌站 2008～2018 年逐日还原流量作为两套不同地形条件下的荆江—洞庭湖二维水动力学模型的输入条件，分析各时段荆南四河各控制站流量变化特征。由图 6.1、图 6.2 可以看出：相同宜昌站来水情况，在 2012 年地形条件下，新江口站各月的流量均较 1996 年地形条件下偏少，多年平均情况下减少 15.3～250.0 m^3/s，减少幅度为 7%～40%，多年平均情况下水位下降 0.33～1.15 m；枯水期减少幅度较汛期大，蓄水期 9～11 月流量减少幅度为 7%～12%，水位下降 0.59～0.78 m。

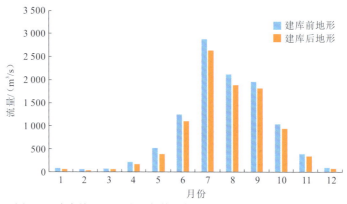

图 6.1　建库前后不同地形条件下新江口站各月还原流量对比图

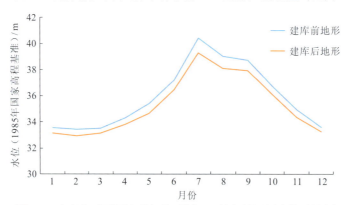

图 6.2　建库前后不同地形条件下新江口站各月还原水位对比图

2．沙道观站

由图 6.3、图 6.4 可以看出：在 2012 年地形条件下，除了枯水期 1～3 月以外，沙道观站各月的流量均较 1996 年地形条件下的流量偏少，多年平均情况下减少 0.9～225.0 m^3/s，减少幅度为 17%～100%，多年平均情况下水位下降 0.26～1.45 m；枯水期减少幅度较汛期大，蓄水期 9～11 月流量减少幅度为 17%～29%，水位下降 0.53～1.18 m。

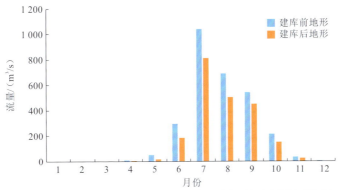

图 6.3　建库前后不同地形条件下沙道观站各月还原流量对比图

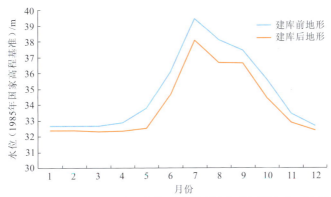

图 6.4　建库前后不同地形条件下沙道观站各月还原水位对比图

3. 松滋口合成

由图 6.5 可以看出：相同宜昌站来水情况，在 2012 年地形条件下，松滋口各月的流量均较 1996 年地形条件下的流量偏少，多年平均情况下减少 15.3～470.0 m³/s，减少幅度为 10%～40%；枯水期减少幅度较汛期大，蓄水期 9～11 月流量减少幅度为 10%～13%。

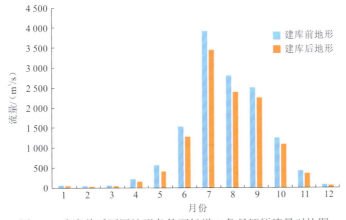

图 6.5　建库前后不同地形条件下松滋口各月还原流量对比图

6.1.2　对太平口水文情势的影响

由图 6.6、图 6.7 可以看出：在 2012 年地形条件下，除了枯水期 1～3 月以外，弥陀寺站各月的流量均较 1996 年地形条件下的流量偏少，多年平均情况下减少 3.0～359.0 m³/s，减少幅度为 27%～88%，多年平均情况下水位下降 0.41～2.24 m；枯水期减少幅度较汛期大，蓄水期 9～11 月流量减少幅度为 35%～52%，水位下降 1.45～2.44 m。

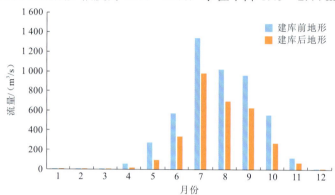

图 6.6　建库前后不同地形条件下弥陀寺站各月还原流量对比图

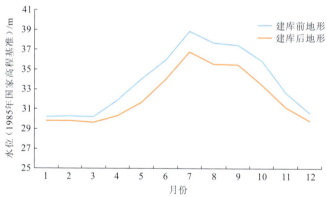

图 6.7　建库前后不同地形条件下弥陀寺站各月还原水位对比图

6.1.3　对藕池口水文情势的影响

1. 康家岗站

由图 6.8、图 6.9 可以看出：在 2012 年地形条件下，除了枯水期 1～4 月及 12 月以外，康家岗站各月的流量均较 1996 年地形条件下的流量偏少，多年平均情况下减少 0.75～97.50 m³/s，减少幅度为 38%～94%，多年平均情况下水位下降 0.86～1.84 m；枯水期减少幅度较汛期大，蓄水期 9～11 月流量减少幅度为 48%～71%，水位下降 1.05～1.21 m。

2. 管家铺站

由图 6.10、图 6.11 可以看出：在 2012 年地形条件下，除了枯水期 1～3 月及 12 月以外，管家铺站各月的流量均较 1996 年地形条件下的流量偏少，多年平均情况下减少 17.6～550.0 m³/s，减少幅度为 22%～69%，多年平均情况下水位下降 1.05～2.15 m；枯水期减少幅度较汛期大，蓄水期 9～11 月流量减少幅度为 33%～69%，水位下降 1.59～2.15 m。

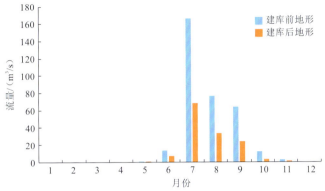

图 6.8　建库前后不同地形条件下康家岗站各月还原流量对比图

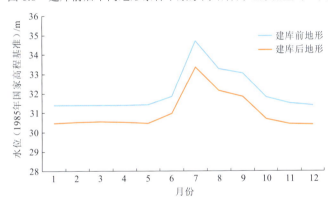

图 6.9　建库前后不同地形条件下康家岗站各月还原水位对比图

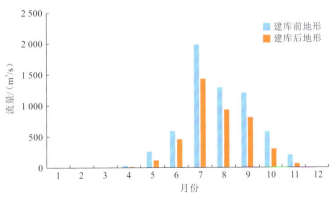

图 6.10　建库前后不同地形条件下管家铺站各月还原流量对比图

3. 藕池口站

由图 6.12 可以看出：在 2012 年地形条件下，除了枯水期 1～3 月及 12 月以外，藕池口站各月的流量均较 1996 年地形条件下的流量偏少，多年平均情况下减少 17.6～650.0 m³/s，减少幅度为 23%～68%；枯水期减少幅度较汛期大，蓄水期 9～11 月流量减少幅度为 34%～68%。

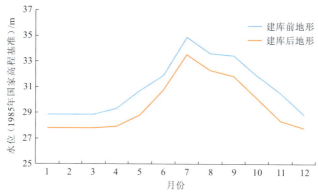

图 6.11　建库前后不同地形条件下管家铺站各月还原水位对比图

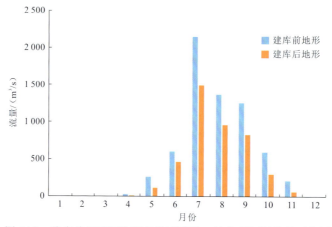

图 6.12　建库前后不同地形条件下藕池口站各月还原流量对比图

6.1.4　结论与分析

由图 6.13 和表 6.1 可以看出：在 2012 年地形条件下，荆南四河各月的流量均较 1996 年地形条件下的流量偏少，多年平均情况下减少 15.4～1 475.5 m³/s，减少幅度为 20%～44%；枯水期减少幅度较汛期大，蓄水期 9～11 月流量减少幅度为 21%～33%。

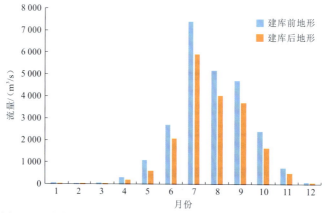

图 6.13　建库前后不同地形条件下荆南四河各月还原流量对比图

表 6.1　荆南四河建库前后不同地形条件下各月还原流量对比表

（单位：m³/s）

年份	项目	1 月	2 月	3 月	4 月	5 月	6 月	7 月	8 月	9 月	10 月	11 月	12 月
2008	建库前地形	14.4	18.8	48.4	406	792	2 150	4 320	6 260	6 090	2 460	2 600	69.9
	建库后地形	14.1	7.86	28.5	338	461	1 680	3 540	5 130	5 220	1 950	2 290	54.4
	差值	-0.3	-10.94	-19.9	-68	-331	-470	-780	-1 130	-870	-510	-310	-15.5
2009	建库前地形	19.3	36.1	17.3	234	1 160	1 320	5 240	7 790	3 560	1 530	171	20.5
	建库后地形	18.9	24.0	16.1	184	929	1 140	4 590	6 630	3 000	1 060	103	4.39
	差值	-0.4	-12.1	-1.2	-50	-231	-180	-650	-1 160	-560	-470	-68	-16.11
2010	建库前地形	38.1	25.2	42.7	82.1	800	2 650	9 520	6 140	5 160	2 100	302	23.4
	建库后地形	4.23	4.6	6.78	42.1	522	2 320	8 240	5 360	4 560	1 490	218	17.2
	差值	-33.87	-20.6	-35.92	-40	-278	-330	-1 280	-780	-600	-610	-84	-6.2
2011	建库前地形	53.8	36.8	20.6	91.7	272	2 330	3 580	4 100	3 030	1 090	958	72.9
	建库后地形	34.4	11.3	19.8	61.5	134	1 800	2 990	3 130	2 140	706	678	38.7
	差值	-19.4	-25.5	-0.8	-30.2	-138	-530	-590	-970	-890	-384	-280	-34.2
2012	建库前地形	38.7	20.5	21.3	44.5	1 180	2 610	13 000	6 100	5 830	2 650	426	64.5
	建库后地形	25.0	4.43	2.91	39.7	1 020	1 940	9 890	4 560	5 020	1 970	246	44.8
	差值	-13.7	-16.07	-18.39	-4.8	-160	-670	-3 110	-1 540	-810	-680	-180	-19.7
2013	建库前地形	75.0	20.8	17.6	86.6	666	2 490	7 880	3 920	3 230	978	152	71.3
	建库后地形	40.9	3.79	10.2	63.5	525	2 030	6 220	2 930	2 370	617	110	38.3
	差值	-34.1	-17.01	-7.4	-23.1	-141	-460	-1 660	-990	-860	-361	-42	-33

续表

年份	项目	1月	2月	3月	4月	5月	6月	7月	8月	9月	10月	11月	12月
2014	建库前地形	82.2	35.3	53.3	399	706	1 970	6 060	5 330	8 960	2 640	791	73.9
	建库后地形	42.0	23.2	30.4	230	163	1 470	4 850	4 400	6 890	1 810	465	57.9
	差值	-40.2	-12.1	-22.9	-169	-543	-500	-1 210	-930	-2 070	-830	-326	-16
2015	建库前地形	24.9	27.3	98.1	443	845	2 670	4 130	2 500	4 770	2 490	516	126
	建库后地形	21.6	6.97	60.0	172	212	2 010	3 500	1 740	3 520	1 420	203	75.5
	差值	-3.3	-20.33	-38.1	-271	-633	-660	-630	-760	-1 250	-1 070	-313	-50.5
2016	建库前地形	135	126	142	621	2 140	4 840	10 600	4 370	2 590	1 780	769	142
	建库后地形	98.6	77.4	141	418	1 220	3 670	8 650	3 280	1 910	1 150	467	105
	差值	-36.4	-48.6	-1	-203	-920	-1 170	-1 950	-1 090	-680	-630	-302	-37
2017	建库前地形	126	107	127	522	1 590	4 400	6 460	3 810	5 000	5 380	829	162
	建库后地形	90.9	88.3	121	277	613	3 440	5 290	2 590	4 140	4 170	385	114
	差值	-35.1	-18.7	-6	-245	-977	-960	-1 170	-1 220	-860	-1 210	-444	-48
2018	建库前地形	196	144	171	500	2 030	2 440	10 700	6 880	3 760	3 310	769	149
	建库后地形	181	123	153	334	1 060	1 390	7 500	4 850	2 200	1 930	356	111
	差值	-15	-21	-18	-166	-970	-1 050	-3 200	-2 030	-1 560	-1 380	-413	-38
多年平均	建库前地形	73.0	54.3	69.0	311.8	1 107.4	2 715.5	7 408.2	5 200	4 725.5	2 400.7	753	88.7
	建库后地形	52.0	34.1	53.6	196.3	623.5	2 080.9	5 932.7	4 054.5	3 724.5	1 661.2	501.9	60.1
	差值	-21.0	-20.2	-15.4	-115.5	-483.9	-634.6	-1 475.5	-1 145.5	-1 001	-739.5	-251.1	-28.6

6.2　多要素影响程度定量评价

6.2.1　评价方法

本书重点研究 1981~2018 年荆南四河水文情势变化的影响要素及占比。为了与本书模型计算时段相协调，本书将 1981~2018 年分为三个时段，分别为 1981~2002 年（三峡水库建库前）、2003~2007 年（三峡水库建成后到正式蓄水前）及 2008~2018 年（三峡水库正式蓄水后），由于 2003~2007 年时间较短，统计特征不强，本次重点分析 1981~2002 年和 2008~2018 年两个时段各要素的变化。

枝城站 1981~2002 年多年平均径流量为 4 429 亿 m³，2008~2018 年多年平均径流量为 4 245 亿 m³，三峡水库建库后长江上游来水量相比 1981~2002 年减少了 184 亿 m³。荆江三口 5 个控制站点 1981~2002 年多年平均径流量为 685.3 亿 m³，2008~2018 年多年平均径流量为 476.5 亿 m³，三峡水库建库后长江上游来水量相比 1981~2002 年减少了 208.8 亿 m³，该变化量为多个要素综合影响的结果，主要影响因素包括三峡水库调度、河道冲淤、长江干流来水变化、荆南四河区域降水变化及区域取排水等因素，其中前三个要素为主要影响因素，后两个因素为次要影响因素。本书将影响因素分为以下三类：三峡水库调度、河道冲淤及其他因素，各个要素计算方法如下（计算尺度为日尺度，统计尺度为月尺度）。

（1）多要素引起总体径流量变化（ΔV）：$\Delta V = V_2 - V_1$。式中：V_1 为 1981~2002 年各站点逐月平均径流量；V_2 为 2008~2018 年各站点逐月平均径流量。

（2）三峡水库调度引起的径流量变化（ΔR）：$\Delta R = R_2 - R_1$。式中：R_1 为 1981~2002 年由于三峡水库调度引起的各站点逐月径流量变化，该时期三峡水库并未运行调度，所以取值为 0；R_2 为 2008~2018 年由于三峡水库调度引起的各站点逐月径流量变化，计算方法主要根据宜昌站 2008~2018 年实测流量和天然流量作为上边界，输入本书构建的 2012 年地形条件下的荆江—洞庭湖二维水动力学模型，两次计算结果的差值为水库调度引起的径流量变化。

（3）河道冲淤引起的径流量变化（ΔD）：$\Delta D = D_2 - D_1$。式中：D_1 为将 2008~2018 年的宜昌站天然流量输入 1996 年地形条件下的荆江—洞庭湖二维水动力学模型，得到的各站点逐月径流量；D_2 为将 2008~2018 年的宜昌站天然流量输入 2012 年地形条件下的荆江—洞庭湖二维水动力学模型，得到的各站点逐月径流量。

（4）其他因素（ΔT）：$\Delta T = \Delta V - \Delta R - \Delta D$。

6.2.2　影响评价

根据 6.2.1 小节制定的计算原则，得到荆南四河各站各要素引起的逐月径流量变化特征，具体数据见表 6.2。根据表 6.2 可以看出：相比 1981~2002 年，2008~2018 年新江口站年径流量减少了 48.565 亿 m³，其中由三峡水库调度引起的径流减少量为 6.439 亿 m³，占总减少量的 13.3%；河道冲淤引起的径流减少量为 31.056 亿 m³，占总减少量的 63.9%；其他因素引起的径流减少量为 11.070 亿 m³，占总减少量的 22.8%。

表 6.2　荆南四河各站各要素引起的逐月径流量变化特征表

（单位：亿 m³）

口门	水文站		1月	2月	3月	4月	5月	6月	7月	8月	9月	10月	11月	12月	年径流量
松滋口	新江口站	ΔV	1.589	1.356	1.848	3.030	4.846	-3.940	-10.560	-11.270	-17.060	-17.250	-1.534	0.380	-48.565
		ΔR	0.487	0.757	0.908	2.490	9.130	2.330	-5.090	1.340	-10.400	-8.970	0.156	0.423	-6.439
		ΔD	-0.568	-0.491	-0.410	-1.270	-3.320	-3.890	-6.700	-6.160	-3.630	-2.760	-1.190	-0.667	-31.056
		ΔT	1.670	1.090	1.350	1.810	-0.964	-2.380	1.230	-6.450	-3.030	-5.520	-0.500	0.624	-11.070
	沙道观站	ΔV	0	0	0	0.100	0.469	-2.367	-6.750	-5.978	-7.650	-4.740	-0.095	-0.003	-27.014
		ΔR	0	0	0	0.213	1.530	0.596	-2.460	0.402	-3.450	-1.990	-0.098	0	-5.257
		ΔD	0	0	0	-0.272	-0.924	-2.800	-6.030	-5.010	-2.410	-1.630	-0.179	-0.024	-19.279
		ΔT	0	0	0	0.159	-0.137	-0.163	1.740	-1.370	-1.790	-1.120	0.182	0.021	-2.478
太平口	弥陀寺站	ΔV	0	0	0.012	0.522	-0.030	-6.892	-12.141	-11.698	-13.248	-10.363	-0.753	-0.039	-54.630
		ΔR	0	0	0.010	0.778	2.790	0.778	-2.200	0.562	-4.070	-3.430	-0.003	0.014	-4.771
		ΔD	0	0	0	-1.000	-4.830	-6.090	-9.620	-8.620	-8.660	-7.710	-1.380	-0.080	-47.990
		ΔT	0	0	0.002	0.744	2.010	-1.580	-0.321	-3.640	-0.518	0.777	0.630	0.027	-1.869
	康家岗站	ΔV	0	0	0	0	-0.020	-0.342	-2.838	-2.029	-1.528	-0.287	0.009	0	-7.035
		ΔR	0	0	0	0	0.007	0.014	-0.410	0.043	-0.228	-0.080	-0.017	0	-0.671
		ΔD	0	0	0	0	-0.020	-0.168	-2.610	-1.140	-1.020	-0.230	-0.043	0	-5.231
		ΔT	0	0	0	0	-0.007	-0.188	0.182	-0.932	-0.280	0.023	0.069	0	-1.133
藕池口	管家铺站	ΔV	0	0	0	0.366	1.690	-3.240	-25.740	-19.063	-18.110	-7.690	0.202	0	-71.585
		ΔR	0	0	0	0.332	2.410	1.270	-3.750	0.857	-5.550	-3.620	-0.298	0	-8.349
		ΔD	0	0	0	-0.456	-3.860	-3.450	-14.700	-9.620	-10.100	-7.550	-3.700	0	-53.436
		ΔT	0	0	0	0.490	3.140	-1.060	-7.290	-10.300	-2.460	3.480	4.200	0	-9.800
合计	荆南四河	ΔV	1.589	1.356	1.860	4.018	6.955	-16.781	-58.029	-50.038	-57.596	-40.330	-2.171	0.338	-208.829
		ΔR	0.487	0.757	0.918	3.813	15.867	4.988	-13.910	3.204	-23.698	-18.090	-0.260	0.437	-25.487
		ΔD	-0.568	-0.491	-0.410	-2.998	-12.954	-16.398	-39.660	-30.550	-25.820	-19.880	-6.492	-0.771	-156.992
		ΔT	1.670	1.090	1.352	3.203	4.042	-5.371	-4.459	-22.692	-8.078	-2.360	4.581	0.672	-26.350

相比 1981～2002 年，2008～2018 年沙道观站年径流量减少了 27.014 亿 m³，其中：由三峡水库调度引起的径流减少量为 5.257 亿 m³，占总减少量的 19.4%；河道冲淤引起的径流减少量为 19.279 亿 m³，占总减少量的 71.4%；其他因素引起的径流减少量为 2.478 亿 m³，占总减少量的 9.2%。2008～2018 年弥陀寺站年径流量减少了 54.630 亿 m³，其中：由三峡水库调度引起的径流减少量为 4.771 亿 m³，占总减少量的 8.7%；河道冲淤引起的径流减少量为 47.990 亿 m³，占总减少量的 87.9%；其他因素引起的径流减少量为 1.869 亿 m³，占总减少量的 3.4%。2008～2018 年康家岗站年径流量减少了 7.035 亿 m³，其中：由三峡水库调度引起的径流减少量为 0.671 亿 m³，占总减少量的 9.5%；河道冲淤引起的径流减少量为 5.231 亿 m³，占总减少量的 74.4%；其他因素引起的径流减少量为 1.133 亿 m³，占总减少量的 16.1%。2008～2018 年管家铺站年径流量减少了 71.585 亿 m³，其中：由三峡水库调度引起的径流减少量为 8.349 亿 m³，占总减少量的 11.7%；河道冲淤引起的径流减少量为 53.436 亿 m³，占总减少量的 74.6%；其他因素引起的径流减少量为 9.800 亿 m³，占总减少量的 13.7%。2008～2018 年荆南四河年径流量减少了 208.829 亿 m³，其中：由三峡水库调度引起的径流减少量为 25.487 亿 m³，占总减少量的 12.2%；河道冲淤引起的径流减少量为 156.992 亿 m³，占总减少量的 75.2%；其他因素引起的径流减少量为 26.350 亿 m³，占总减少量的 12.6%。荆南四河各要素引起的多年平均月径流量变化图详见图 6.14。

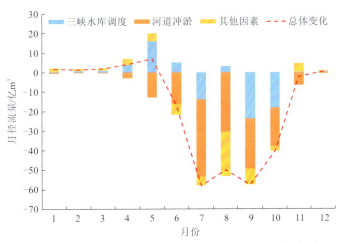

图 6.14　荆南四河各要素引起的多年平均月径流量变化图

第7章

梯级水库对荆南四河水资源的影响

　　荆南四河水资源量的减少与三峡水库调度、河道冲淤变化及上游来水减少等因素有关。本章基于构建的荆江—洞庭湖水动力学模型，通过分析三峡水库不同量级下增加下泄对荆南四河水系的影响，并从各月增加下泄流量的补水效果、增加下泄的时机、下泄方式等角度提出三峡水库应对荆南四河水资源量变化的建议。

7.1 不同下泄方式效果

7.1.1 全年恒定下泄效果

为了进一步分析三峡水库波动下泄调度对荆南四河地区补充水量的效果，本书基于构建的二维水动力学模型，选取来水偏枯的 2011 年作为典型年，假定每个月（不含汛期）上旬三峡水库在实际流量的基础上多下泄 1 000 m³/s（共计补充水量 86 400 万 m³），以 1 月为例，1 月宜昌站情景模拟设置图见图 7.1。

图 7.1 1 月宜昌站情景模拟设置图

根据各月情景设置，分析荆江三口各个站点可以补充的水量，计算结果见表 7.1 和图 7.2。由表 7.1 可以看出，在假定三峡水库各月上旬（1～10 日）均增加 86 400 万 m³ 下泄流量的情况下，受到干流水位及荆江三口口门水位的影响，各月增加下泄流量的效果是不同的。增加下泄流量后，相应的荆江三口增加水量与三峡水库下泄流量的比例（以下简称补水分流比例）为 2.96%～54.69%，其中 11 月补水效果最优，而 1 月补水效果最差。对于枯水期 1～3 月，补水分流比例仅为 2.96%～3.16%，同时补充的水量仅能补充到松滋河，对虎渡河和藕池河基本没有效果。荆南四河水系缺水时段 4 月、9 月和 10 月对应的补水分流比例分别为 8.43%、37.65%和 21.72%。

表 7.1 三峡水库增加下泄流量效果分析

月份	宜昌站平均流量/(m³/s)	补充水量/万 m³	荆江三口增加水量/万 m³						补水分流比例/%
			新江口站	沙道观站	弥陀寺站	康家岗站	管家铺站	荆江三口合计	
1	6 170	86 400	2 559	0	0	0	0	2 559	2.96
2	5 850	86 400	2 044	684	0	0	0	2 728	3.16
3	5 870	86 400	2 032	685	0	0	0	2 717	3.14
4	7 330	86 400	4 646	594	615	0	1 428	7 283	8.43
9	10 400	86 400	16 451	0	7 697	0	8 384	32 532	37.65
10	7 860	86 400	10 684	458	2 464	0	5 156	18 762	21.72
11	15 200	86 400	20 691	4 819	9 003	645	12 094	47 252	54.69
12	6 340	86 400	7 584	0	0	0	954	8 538	9.88

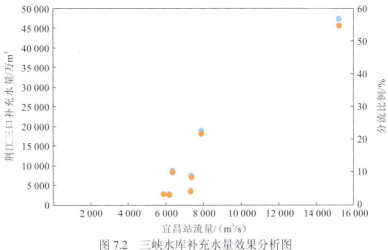

图 7.2　三峡水库补充水量效果分析图

综上，在补水时机选择上，需要综合考虑区域缺水情况及长江干流来水量级的情况，做到水资源的最优化调度。以 2011 年为例，在不影响蓄水的情况下，本书推荐在 11 月进行补水，此时补水分流比例约为 54.69%，三峡水库增大下泄对荆江三口有较好的补充效果。

7.1.2　特征时段恒定下泄效果

1. 蓄水期

在分月恒定补水分析的基础上，结合荆南四河地区缺水状况，进一步分析三峡水库在蓄水期（9～11 月），宜昌站不同来水量级情况下，荆江三口各个站点可以补充的水量与宜昌站来水量的响应关系，计算结果见图 7.3～图 7.5、表 7.2～表 7.4。

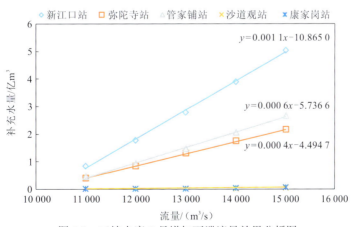

图 7.3　三峡水库 9 月增加下泄流量效果分析图

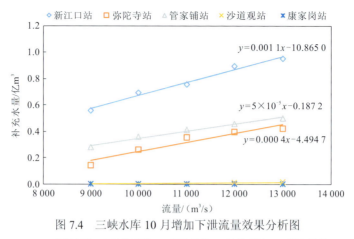

图 7.4　三峡水库 10 月增加下泄流量效果分析图

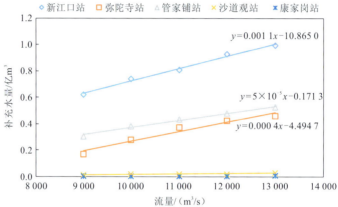

图 7.5　三峡水库 11 月增加下泄流量效果分析图

表 7.2　9 月不同量级补充水量效果分析（假定上游来水量为 10 000 m³/s）

量级/(m³/s)	累计补充水量/亿 m³					补水效率/%
	新江口站	弥陀寺站	管家铺站	沙道观站	康家岗站	
11 000	0.83	0.39	0.43	0.00	0.00	19.10
12 000	1.77	0.82	0.92	0.00	0.00	21.53
13 000	2.79	1.29	1.46	0.00	0.01	23.40
14 000	3.89	1.73	2.04	0.00	0.02	24.54
15 000	5.05	2.16	2.66	0.02	0.05	25.81

表 7.3　10 月不同量级补充水量效果分析（假定上游来水量为 8 000 m³/s）

量级/(m³/s)	累计补充水量/亿 m³					补水效率/%
	新江口站	弥陀寺站	管家铺站	沙道观站	康家岗站	
9 000	0.56	0.14	0.28	0.00	0.00	11.34
10 000	1.25	0.40	0.64	0.00	0.00	15.16
11 000	2.01	0.76	1.05	0.00	0.00	17.71
12 000	2.90	1.16	1.51	0.01	0.00	20.37
13 000	3.86	1.58	2.01	0.03	0.00	21.99

表 7.4 11 月不同量级补充水量效果分析（假定上游来水量为 8 000 m³/s）

量级/（m³/s）	累计补充水量/亿 m³					补水效率/%
	新江口站	弥陀寺站	管家铺站	沙道观站	康家岗站	
9 000	0.62	0.17	0.30	0.01	0.00	12.73
10 000	1.36	0.44	0.69	0.03	0.00	16.44
11 000	2.16	0.82	1.12	0.05	0.01	18.87
12 000	3.09	1.24	1.60	0.07	0.01	21.41
13 000	4.08	1.69	2.13	0.10	0.01	23.14

蓄水期三峡水库入库来水量设定按照在 2008～2018 年各月平均流量的基础上，参考蓄水后各月最低月平均流量进行一定的修正，得到本次情景模型 9 月、10 月和 11 月三峡水库入库基础水量分别为 10 000 m³/s、8 000 m³/s 和 8 000 m³/s。

在假定 9 月上旬上游来水量为 10 000 m³/s 的情况下，三峡水库分别增加 1 000～5 000 m³/s 流量级的泄量，荆江三口 5 个站点可以补充的不同水量见表 7.2。可以看出：随着补充水量的增加，新江口站、弥陀寺站及管家铺站的补充水量也随之线性增加，补水的效率也随之增加。从各站点补水增加的幅度来讲：新江口站补水的效果最为明显，三峡水库每下泄 8.64 亿 m³ 水量，新江口站平均可以补充约 1 亿 m³ 的水量，补水效率为 11.6%；其次是管家铺站和弥陀寺站，每下泄 8.64 亿 m³ 水量，管家铺站和弥陀寺站平均分别可以补充约 0.53 亿 m³ 和 0.43 亿 m³ 的水量，补水效率分别为 6.13% 和 4.98%；沙道观站和康家岗站补水效果较差，补水效率不超过 0.1%。

在假定 10 月上旬上游来水量为 8 000 m³/s 情况下，三峡水库分别增加 1 000～5 000 m³/s 流量级的泄量，荆江三口 5 个站点可以补充的不同水量见表 7.3。可以看出：随着补充水量的增加，新江口站、弥陀寺站及管家铺站的补充水量也随之线性增加，补水的效率也随之增加。从各站点补水增加的幅度来讲，新江口站补水的效果最为明显，三峡水库每下泄 8.64 亿 m³ 水量，新江口站平均可以补充约 0.77 亿 m³ 的水量，补水效率为 8.91%；其次是管家铺站和弥陀寺站，每下泄 8.64 亿 m³ 水量，管家铺站和弥陀寺站分别可以补充约 0.40 亿 m³ 和 0.32 亿 m³ 的水量，补水效率分别为 4.63% 和 3.70%；沙道观站和康家岗站补水效果较差，补水效率不超过 0.1%。

在假定 11 月上旬上游来水量为 8 000 m³/s 情况下，三峡水库分别增加 1 000～5 000 m³/s 流量级的泄量，荆江三口 5 个站点可以补充的不同水量见表 7.4。可以看出：随着补充水量的增加，新江口站、弥陀寺站及管家铺站的补充水量也随之线性增加，补水效率也随之增加。从各站点补水增加的幅度来讲，新江口站补水的效果最为明显，三峡水库每下泄 8.64 亿 m³ 水量，新江口站平均可以补充约 0.81 亿 m³ 的水量，补水效率为 9.38%；其次是管家铺站和弥陀寺站，每下泄 8.64 亿 m³ 水量，管家铺站和弥陀寺站分别可以补充 0.43 亿 m³ 和 0.34 亿 m³ 的水量，补水效率分别为 4.98% 和 3.94%；沙道观站和康家岗站补水效果较差，补水效率不超过 0.2%。

2. 消落期

分析三峡水库在消落期（选取 4 月），宜昌站不同来水量级情况下，荆江三口各站点可以补充的水量与宜昌站来水量的响应关系，计算结果见图 7.6 和表 7.5。消落期三峡水库入库来水量设定按照 2008 ～2018 年 4 月平均流量，得到本次情景模型 4 月三峡水库入库基础水量为 7 000m³/s。

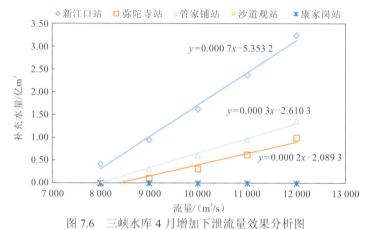

图 7.6　三峡水库 4 月增加下泄流量效果分析图

表 7.5　4 月不同量级补充水量效果分析（假定上游来水量为 7 000 m³/s）

量级/（m³/s）	累计补充水量/亿 m³					补水效率/%
	新江口站	弥陀寺站	管家铺站	沙道观站	康家岗站	
8 000	0.42	0.01	0.07	0.00	0.00	5.67
9 000	0.95	0.10	0.30	0.00	0.00	10.06
10 000	1.63	0.32	0.61	0.00	0.00	13.81
11 000	2.37	0.63	0.97	0.00	0.00	16.37
12 000	3.25	0.99	1.37	0.00	0.00	19.03

在假定 4 月上旬上游来水量为 7 000 m³/s 情况下，三峡水库分别增加 1 000～5 000 m³/s 流量级的泄量，荆江三口 5 个站点可以补充的水量见表 7.5。可以看出：随着补充水量的增加，新江口站、弥陀寺站及管家铺站的补充水量也随之线性增加，补水的效率也随之增加。从各站点补水增加的幅度来讲，新江口站补水的效果最为明显，三峡水库每下泄 8.64 亿 m³ 水量，新江口站平均可以补充 0.65 亿 m³ 的水量，补水效率为 7.52%；其次是管家铺站和弥陀寺站，每下泄 8.64 亿 m³ 水量，管家铺站和弥陀寺站分别可以补充 0.27 亿 m³ 和 0.20 亿 m³ 的水量，补水效率分别为 3.13% 和 2.31%；沙道观站和康家岗站补水效果较差，没有得到水量补充。

从各站点补水情况来看，新江口站补水效果最为明显，补水效率较其他站点高，而沙道观站和康家岗站补水效果最差，补水效率基本不超过 1%。从各月补水的效率来看：由于 9 月假定的宜昌站来水量较大，补水效果要优于 10 月和 11 月；同时随着流量级的提升，补水的效果越发明显。消落期 4 月由于水量较少，补水效果没有蓄水期效果明显。

7.1.3　波动下泄效果

在恒定补水分析的基础上，本小节以 2011 年 9 月为典型时段，进一步分析三峡水库波动补水对荆江三口的影响，在假定上游来水量为 10 000 m³/s 的情况下，本次共设置 4 种不同的情景进行比较：①在 9 月上旬每天恒定增加下泄量 1 000 m³/s；②在 9 月上旬前 5 天每天恒定增加下泄量 2 000 m³/s，后 5 天不增加泄流；③在 9 月上旬中间 5 天每天恒定增加下泄量 2 000 m³/s，其他时间不增加泄流；④在 9 月上旬后 5 天每天恒定增加下泄量 2 000 m³/s，前 5 天不增加泄流。以上 4 种情景均向下游补水 8.64 亿 m³，仅补水过程的水量时间分配不同，各个情景下宜昌站每日来水量见表 7.6 和图 7.7。

表 7.6　波动补水情景集设置表　　　　　（单位：m³/s）

时间	基准	恒定补水 （情景 1）	前 5 天补水 （情景 2）	中间 5 天补水 （情景 3）	后 5 天补水 （情景 4）
9 月 1 日	10 000	11 000	12 000	10 000	10 000
9 月 2 日	10 000	11 000	12 000	10 000	10 000
9 月 3 日	10 000	11 000	12 000	10 000	10 000
9 月 4 日	10 000	11 000	12 000	12 000	10 000
9 月 5 日	10 000	11 000	12 000	12 000	10 000
9 月 6 日	10 000	11 000	10 000	12 000	12 000
9 月 7 日	10 000	11 000	10 000	12 000	12 000
9 月 8 日	10 000	11 000	10 000	12 000	12 000
9 月 9 日	10 000	11 000	10 000	10 000	12 000
9 月 10 日	10 000	11 000	10 000	10 000	12 000

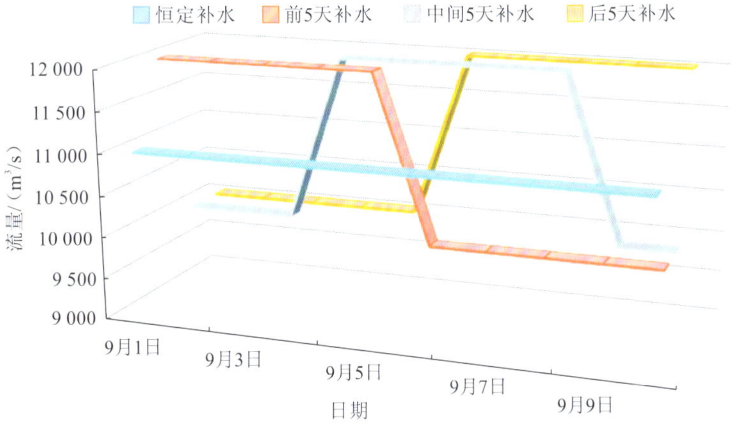

图 7.7　波动补水情景集示意图

不同情景集下补水效果分析见表 7.7。由表 7.7 可以看出：在补水总量一致的前提下，波动补水的效果要优于恒定补水效果，从各个情景集的补水效率来看，情景 2（在 9 月上旬前 5 天每天恒定增加的下泄量为 2 000 m³/s，后 5 天不增加泄流）的补水效果最优，补水效率为 20.63%；其次是情景 3，补水效率为 19.93%；再次是情景 4，补水效率为 19.34%；补水效率最低的为情景 1。

表 7.7　不同情景集下补水效果分析表

项目	补充水量/亿 m³					补水效率/%
	新江口站	弥陀寺站	管家铺站	沙道观站	康家岗站	
情景 1	0.83	0.39	0.43	0.00	0.00	19.15
情景 2	0.90	0.42	0.47	0.00	0.00	20.63
情景 3	0.87	0.40	0.45	0.00	0.00	19.93
情景 4	0.85	0.39	0.43	0.00	0.00	19.34

7.2　水库推迟荆江三口断流可行性分析

根据 2003～2018 年荆江三口各站点长断流出现时间的统计成结果,结果统计见表 7.8。由表 7.8 可以看出：除新江口站不发生长断流外，其他 4 个站点均发生长断流，其中康家岗站长断流平均开始时间最早，为 9 月 17 日，平均结束时间为 6 月 5 日；弥陀寺站长断流平均开始时间最晚，为 11 月 16 日，平均结束时间为 4 月 28 日。2003～2018 年荆江三口各站点长断流对应的断流流量及通流流量的统计表见表 7.9。由表 7.9 可以看出：弥陀寺站平均断流流量最小，为 6 890 m³/s，对应的平均通流流量也最小，为 8 010 m³/s；康家岗站平均断流流量最大，为 15 400 m³/s，对应的平均通流流量也最大，为 17 900 m³/s。

表 7.8　2003～2018 年荆江三口各站点长断流出现及结束时间统计表

站点	断流平均开始时间	断流平均结束时间	断流最早开始时间	断流最早结束时间	断流最晚开始时间	断流最晚结束时间
沙道观站	11 月 5 日	4 月 18 日	10 月 2 日	4 月 5 日	11 月 26 日	5 月 30 日
弥陀寺站	11 月 16 日	4 月 28 日	10 月 12 日	1 月 23 日	12 月 5 日	5 月 2 日
康家岗站	9 月 17 日	6 月 5 日	7 月 31 日	5 月 23 日	11 月 19 日	7 月 2 日
管家铺站	11 月 7 日	4 月 23 日	10 月 5 日	4 月 6 日	11 月 26 日	5 月 25 日

表 7.9　2003～2018 年荆江三口各站点长断流对应的断流流量及通流流量统计表

站点	断流流量/(m³/s)			通流流量/(m³/s)		
	最大值	最小值	平均值	最大值	最小值	平均值
沙道观站	12 100	6 680	9 590	13 500	6 770	11 700
弥陀寺站	7 950	5 580	6 890	9 330	6 470	8 010
康家岗站	21 200	11 700	15 400	22 300	15 700	17 900
管家铺站	10 600	6 510	8 730	13 000	8 730	11 500

根据 7.1 节中分析的成果，三峡水库增加下泄流量对沙道观站和康家岗站基本没有影响，本次推迟荆江三口断流的方案将重点分析弥陀寺站和管家铺站。

7.2.1　水库推迟弥陀寺站断流可行性分析

本次选取弥陀寺站长断流出现最早的时间（2013 年 10 月 12 日）对应的流量过程，分析三峡水库增加下泄流量对推迟弥陀寺站断流的效果。2013 年 10 月 6 日～2013 年 10 月 21 日宜昌站和弥陀寺站实测流量过程见图 7.8 和图 7.9。

图 7.8　方案 1 中宜昌站和弥陀寺站流量过程及补水效果图

图 7.9　方案 2 中宜昌站和弥陀寺站流量过程及补水效果图

本书针对 2013 年 10 月弥陀寺站的断流设计了 2 种维持下泄流量的方案，各个方案增加下泄的时间见表 7.10，维持下泄的流量分别参考弥陀寺站断流前 1 天和前 2 天对应的宜昌站的日平均流量，分别设定为 8 000 m³/s 和 8 500 m³/s，维持下泄流量的时间为 10 天，两种方案分别向下游增加水量为 6 亿 m³ 和 10 亿 m³。

表 7.10　水库推迟弥陀寺站断流方案及效果统计表

方案	增加下泄日期	维持宜昌站流量/(m³/s)	增加宜昌站下泄流量/亿 m³	补充弥陀寺站水量/亿 m³	推迟弥陀寺站断流天数/天
方案 1	10 月 11 日～10 月 20 日	8 000	6	0	0
方案 2	10 月 11～10 月 20 日	8 500	10	0.028	10

　　由表 7.11 和表 7.12 可以看出，在宜昌站不同量级条件下进行补水，效果也有所不同，方案 1 中维持宜昌站下泄流量为 8 000 m³/s 条件下，弥陀寺站断流没有得到推迟，补充水量为 0。方案 2 中维持宜昌站下泄流量为 8 500 m³/s 条件下，弥陀寺站断流推迟时间跟宜昌站增加下泄时间一致，均为 10 天，补充水量为 0.028 亿 m³。

表 7.11　方案 1 补水前后宜昌站和弥陀寺站流量过程表

日期	宜昌站实测流量/(m³/s)	宜昌站补水量/(m³/s)	弥陀寺站实测流量/(m³/s)	弥陀寺站补水量/(m³/s)
2013-10-6	10 300	10 300	75.10	75.60
2013-10-7	10 300	10 300	68.50	68.80
2013-10-8	9 830	9 830	63.30	63.60
2013-10-9	8 540	8 540	46.00	46.50
2013-10-10	7 510	7 510	20.00	20.60
2013-10-11	7 310	8 000	1.96	2.66
2013-10-12	7 200	8 000	0	0
2013-10-13	7 410	8 000	0	0
2013-10-14	7 310	8 000	0	0
2013-10-15	7 300	8 000	0	0
2013-10-16	7 340	8 000	0	0
2013-10-17	7 380	8 000	0	0
2013-10-18	7 320	8 000	0	0
2013-10-19	7 160	8 000	0	0
2013-10-20	7 390	8 000	0	0
2013-10-21	7 370	7 370	0	0
2013-10-22	7 150	7 150	0	0
2013-10-23	7 200	7 200	0	0
2013-10-24	7 320	7 320	0	0

表 7.12　方案 2 补水前后宜昌站和弥陀寺站流量过程表

日期	宜昌站实测流量/(m³/s)	宜昌站补水量/(m³/s)	弥陀寺站实测流量/(m³/s)	弥陀寺站补水量/(m³/s)
2013-10-6	10 300	10 300	75.10	75.60
2013-10-7	10 300	10 300	68.50	68.80
2013-10-8	9 830	9 830	63.30	63.60
2013-10-9	8 540	8 540	46.00	46.50
2013-10-10	7 510	7 510	20.00	20.60
2013-10-11	7 310	8 500	1.96	2.66
2013-10-12	7 200	8 500	0	0
2013-10-13	7 410	8 500	0	0
2013-10-14	7 310	8 500	0	0
2013-10-15	7 300	8 500	0	0
2013-10-16	7 340	8 500	0	0
2013-10-17	7 380	8 500	0	0
2013-10-18	7 320	8 500	0	0
2013-10-19	7 160	8 500	0	0
2013-10-20	7 390	8 500	0	0
2013-10-21	7 370	7 370	0	0
2013-10-22	7 150	7 150	0	0
2013-10-23	7 200	7 200	0	0
2013-10-24	7 320	7 320	0	0

从可行性角度来讲,可以在弥陀寺站断流时将宜昌站流量增加到断流前 2 天时的流量,通过以上方法可以推迟弥陀寺站的断流天数。然而以上方法补水效果较差,补水效率仅为 0.28%,在非必要条件下,不推荐通过水库增加下泄流量方法推迟弥陀寺站的断流。

7.2.2　水库推迟管家铺站断流可行性分析

本书选取管家铺站长断流出现最早的时间（2009 年 10 月 5 日）对应的流量过程,分析三峡水库增加下泄流量对推迟管家铺站断流的效果。2009 年 9 月 30 日～2009 年 10 月 24 日宜昌站和管家铺站实测流量过程见图 7.10 和图 7.11。

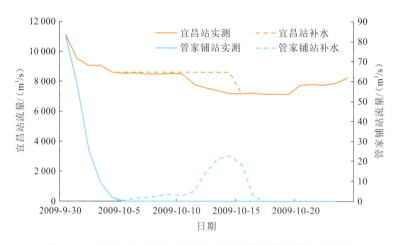

图 7.10　方案 1 中宜昌站和管家铺站流量过程及补水效果图

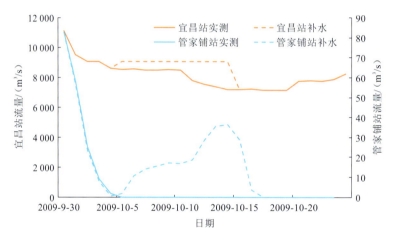

图 7.11　方案 2 中宜昌站和管家铺站流量过程及补水效果图

本书针对 2009 年 10 月管家铺站的断流设计了 2 种维持下泄水量的方案，各个方案增加下泄的时间见表 7.13，维持下泄水量分别参考管家铺站断流前 1 天和前 2 天对应的宜昌站的日平均流量，分别为 8 600 m³/s 和 9 040 m³/s，维持下泄水量的时间为 10 天，两种方案分别向下游增加水量为 4 亿 m³ 和 8 亿 m³。

表 7.13　水库推迟管家铺站断流方案及效果统计表

方案	增加下泄日期	维持宜昌站流量/（m³/s）	增加宜昌站下泄流量/亿 m³	补充管家铺站水量/亿 m³	推迟管家铺站断流天数/天
方案 1	10 月 5 日～10 月 14 日	8 600	4	0.072	12
方案 2	10 月 5 日～10 月 14 日	9 040	8	0.140	12

由表 7.14 和表 7.15 可以看出：在宜昌站不同量级条件下进行补水，效果也有所不同，方案 1 中维持宜昌站下泄流量为 8 600 m³/s 条件下，管家铺站断流推迟了 12 天，补充水量为 0.072 亿 m³；方案 2 中维持宜昌站下泄流量为 9 040 m³/s 条件下，管家铺站断流推迟了

12 天，补充水量为 0.140 亿 m³。

表 7.14　方案 1 补水前后宜昌站和管家铺站流量过程表

日期	宜昌站实测流量/(m³/s)	宜昌站补水量/(m³/s)	管家铺站实测流量/(m³/s)	管家铺站补水量/(m³/s)
2009-9-30	11 100	11 100	82.80	82.80
2009-10-1	9 520	9 520	58.00	58.00
2009-10-2	9 040	9 040	25.40	25.40
2009-10-3	9 040	9 040	8.99	8.99
2009-10-4	8 610	8 600	1.56	1.56
2009-10-5	8 520	8 600	0	0.30
2009-10-6	8 550	8 600	0	1.40
2009-10-7	8 470	8 600	0	1.70
2009-10-8	8 470	8 600	0	2.60
2009-10-9	8 530	8 600	0	3.20
2009-10-10	8 500	8 600	0	2.60
2009-10-11	7 780	8 600	0	4.80
2009-10-12	7 530	8 600	0	14.50
2009-10-13	7 380	8 600	0	20.90
2009-10-14	7 180	8 600	0	22.50
2009-10-15	7 190	7 190	0	18.20
2009-10-16	7 220	7 220	0	2.30
2009-10-17	7 120	7 120	0	0
2009-10-18	7 120	7 120	0	0
2009-10-19	7 140	7 140	0	0
2009-10-20	7 740	7 740	0	0
2009-10-21	7 810	7 810	0	0
2009-10-22	7 770	7 770	0	0
2009-10-23	7 880	7 880	0	0
2009-10-24	8 230	8 230	0	0

表 7.15　方案 2 补水前后宜昌站和管家铺站流量过程表

日期	宜昌站实测流量/(m³/s)	宜昌站补水量/(m³/s)	管家铺站实测流量/(m³/s)	管家铺站补水量/(m³/s)
2009-9-30	11 100	11 100	82.80	82.80
2009-10-1	9 520	9 520	58.00	58.00
2009-10-2	9 040	9 040	25.40	25.40
2009-10-3	9 040	9 040	8.99	8.99
2009-10-4	8 610	8 610	1.56	1.56
2009-10-5	8 520	9 040	0	1.80
2009-10-6	8 550	9 040	0	10.60
2009-10-7	8 470	9 040	0	13.90
2009-10-8	8 470	9 040	0	15.60
2009-10-9	8 530	9 040	0	17.00
2009-10-10	8 500	9 040	0	16.60
2009-10-11	7 780	9 040	0	18.50
2009-10-12	7 530	9 040	0	28.50
2009-10-13	7 380	9 040	0	35.40
2009-10-14	7 180	9 040	0	36.50
2009-10-15	7 190	7 190	0	28.70
2009-10-16	7 220	7 220	0	3.50
2009-10-17	7 120	7 120	0	0
2009-10-18	7 120	7 120	0	0
2009-10-19	7 140	7 140	0	0
2009-10-20	7 740	7 740	0	0
2009-10-21	7 810	7 810	0	0
2009-10-22	7 770	7 770	0	0
2009-10-23	7 880	7 880	0	0
2009-10-24	8 230	8 230	0	0

　　从可行性角度来讲,可以在弥陀寺站断流时将宜昌站流量增加到断流前 1 天时的流量,通过以上方法可以推迟管家铺站的断流。然而以上方法补水效果较差,补水效率仅为0.28%,在非必要条件下,不推荐通过水库增加下泄流量方法推迟管家铺站的断流。

第8章

新水沙条件下荆江三口河道疏浚

　　本章以提高荆江三口河道分流能力，增加灌溉用水高峰期和枯水期分流量，延长枯水期荆江三口的通流时间为主要研究目标，研究拟定各河口段疏浚位置、范围及参数，提出疏浚整治比选方案，结合以往荆江三口河道疏浚效果模拟的相关研究成果，在保证疏浚效果的前提下，优选荆江三口口门的疏浚范围，运用已建立的江湖河网水沙数学模型，分别对各整治方案进行计算，研究河口疏浚工程实施后对荆江三口分流量和改善断流的影响、防洪的影响和航运的影响，通过综合分析比选后提出推荐方案，并为今后荆江三口河道疏浚工作提供基础。

8.1　江湖河网水沙耦合数学模型

为模拟荆江三口口门分流、分沙及河道水沙输移过程，笔者以水域河网为对象，针对复杂的水沙运动特性，建立一维江湖河网水沙耦合数学模型。

河网数学模型采用一维水沙运动与河床冲淤耦合的水沙控制方程组，方程组充分考虑干支流水沙交换，包括一维水流连续方程、一维水流运动方程、一维泥沙连续方程及河床演变方程，将方程组写成如下守恒形式：

$$\frac{\partial \boldsymbol{U}}{\partial t} + \frac{\partial \boldsymbol{F}}{\partial x} = \boldsymbol{S} \tag{8.1}$$

$$\boldsymbol{U} = \begin{bmatrix} A \\ Q \\ AS_v \end{bmatrix}; \quad \boldsymbol{F} = \begin{bmatrix} Q \\ Q^2/A \\ QS_v \end{bmatrix}$$

$$\boldsymbol{S} = \begin{bmatrix} B(E-D)/(1-p) - q_l \\ M \\ B(E-D) - S_{vl}q_l \end{bmatrix} \tag{8.2}$$

$$M = -gA\frac{\partial Z_s}{\partial x} - gAS_f - gh_c\frac{A}{\rho_m}\frac{\partial \rho_m}{\partial x} - \frac{q_l^2 \rho_l \cos\theta}{h_l \rho_m}$$

$$- \frac{\rho_b - \rho_m}{(1-P)\rho_m}UB(E-D) + q_lU\frac{\rho_s - \rho_0}{\rho_m}(S_v - S_{vl})$$

$$\frac{\partial A_b}{\partial t} = \frac{B(D-E)}{(1-p)} \tag{8.3}$$

式中：A 为过流面积；Q 为断面流量；t 为时间；x 为沿流向的沿程距离；B 为水面宽度；Z_s 为水位；D 为悬沙沉降通量；E 为床沙上的扬通量；g 为重力加速度；h_c 为过流断面几何中心高度；S_f 为阻力坡度；p 为床沙孔隙率；h_l 为断面水深，近似认为与支流口门处水深相等；q_l 为干支流交汇处分汇流总的单宽流量，数值上以出流为正；θ 为干流流向与支流出流方向的夹角，即考虑 q_l 在干流方向的动量贡献；U 为干流断面平均流速；S_v、S_{vl} 分别为干流和 q_l 的体积比含沙量，数值上等于相应含沙量 S 除以ρ_s；ρ_0、ρ_m、ρ_l、ρ_b、ρ_s 分别为清水密度、浑水密度、分汇水流密度、床沙饱和湿密度、泥沙颗粒密度。$\partial A_b/\partial t$ 为冲淤断面面积的变化速率。

在河网节点处理方面，考虑节点处流量守恒、水流连续及泥沙连续，采用如下节点方程组：

$$-\frac{\partial V}{\partial t} = \sum_{k=1}^{m} q_{l,k} + q_0 = q_l + q_0 \tag{8.4}$$

$$Z_1 = Z_2 = \cdots Z_k = \cdots Z_m = Z_s \tag{8.5}$$

$$\sum_{k=1}^{m} q_{l,k} S_{vl,k} = S_{vl} q_l \tag{8.6}$$

式中：V 为某节点处槽蓄水量；m 为该节点连接河段数；$q_{l,k}$、$S_{vl,k}$ 分别为与该节点连接的第 k 条河段交汇处分汇流量及其体积比含沙量，数值上以出流为正；q_0 为该节点处源汇、引水等其他流量的总和，数值上以出流为正，此处设为 0，即不考虑其影响；Z_k 为与该节点相连的第 k 条河段近端点的水位。

在方程封闭方面：

$$E = \alpha \omega S_* / \rho_s, \quad D = \alpha \beta \omega S / \rho_s \tag{8.7}$$

式中：α、ω、β、S 和 S_* 分别为在考虑床沙分组时该组泥沙的恢复饱和系数、浑水泥沙沉速、不饱和系数、含沙量和挟沙能力，其中 α 采用韦直林方法。本模型在输沙能力计算上采用张瑞瑾水流挟沙能力公式：

$$S_f = |Q|Q/Q_k^2 \tag{8.8}$$

式中：$Q_k = AR^{2/3}/n$ 代表流量模数，其中 R 为水力半径，n 为粗糙系数，需要由实测资料率定。

在数值方法方面，考虑到荆江三口通断流期间水沙要素在数值表现上的间断特性，本模型选取适用于求解间断数值解的戈杜诺夫型（Godunov type）有限体积法，按有限体积法显格式离散式（8.1）求解水沙要素，按显格式离散式（8.3）计算河床冲淤：

$$U_i^{j+1} = U_i^j - \frac{\Delta t}{\Delta x}(F_{i+1/2}^j - F_{i-1/2}^j) + \Delta t S_i^j \tag{8.9}$$

$$A_{b,i}^{j+1} = A_{b,i}^j + \Delta t [B(D-E)/(1-p)]_i^j \tag{8.10}$$

式中：j 为时间层号；$F_{i-1/2}^j$、$F_{i+1/2}^j$ 为第 $i-1$ 号、第 i 号和第 i 号、第 $i+1$ 号控制体界面上的数值通量；U_i^j、S_i^j 为第 i 号控制体内 U、S 的平均值；Δx 为空间步长；Δt 为时间步长，由柯朗-弗里德里希斯-列维（Courant-Friedrichs-Lewy，CFL）条件限制。

数值通量 $F(U_{i+1/2})$ 的求解涉及黎曼问题（Riemann problem），采用哈顿-拉克-范李尔接触（Harten-Lax-van Leer contact，HLLC）近似黎曼算子求解黎曼解，采用范李尔函数作为通量限制函数的总变差不增格式（total variation diminishing schemes，TVD schemes）形式的米塞尔-汉考克格式（Muscl-Hancock scheme）将数值解精度拓展至二阶时空精度。通过数值重构、界面插值和求解局部黎曼问题，得到 $F(U_{i+1/2})$，最后代入式（8.9）求解水沙要素。

在每一时间步的式（8.10）计算完成后，需要根据各组泥沙冲淤厚度重新计算和床沙级配调整，具体采用混合层与记忆层的方法，此处不做详述。

河网数学模型的模拟范围为：长江干流宜昌至螺山河段、荆江三口河道、洞庭湖区及湘江、资江、沅江、澧水四水尾闾河段。

模型水沙初边界条件为：上边界宜昌站、湘江湘潭站、资江桃江站、沅江桃源站、澧水石门站给定流量及含沙量过程，下边界螺山站给定水位-流量关系。水沙边界全部采用新水沙条件下的边界条件，即上游控制性水库及三峡水库联合调度运用后，长江中下游的多年平均水沙过程。三峡水库 175 m 蓄水运行后，枝城站多年平均流量为 13 510 m³/s，与 2019 年平均流量 14 180 m³/s 相差在 5%以内，可将 2019 年作为典型水文年，计算时段为 1 年，边界条件采用 2019 年相应的水文系列，水沙初始条件则采用 2019 年各控制站实测值。

模型初始地形条件为：长江干流宜昌至螺山河段采用 2018 年 4 月实测水道地形，全长 426 km。荆江三口河道采用 2019 年 4 月实测水道地形，累计全长 1 714 km。洞庭湖区、四水尾闾采用 2016 年地形资料，累计全长 295 km。河床组成采用相应年份各水文控制测站实测床沙颗粒级配成果资料确定。

8.2　疏浚整治方案

根据设定的荆江三口河口段疏浚方案（表 8.1、图 8.1～图 8.5），在荆江三口河道 2019 年 4 月实测地形的基础上拟定疏浚后的新地形（图 8.6），结合前述初边界条件，进行数模计算，从而得到荆江三口河口疏浚后的荆江干流与荆江三口河道年内水沙运动与河床冲淤过程，进一步整理得到荆江三口口门分流及河道通断流情况，详细分析荆江三口疏浚效果影响因素，并通过比选疏浚整治效果，得到推荐方案。

表 8.1　疏浚比选方案详细参数对照表

河段	疏浚范围	边坡	底宽/m		底坡	口门设计水位/m	疏挖水深/m
			P_1	P_2			
松滋河主干及西支	松滋口—新江口		70	60	0.65/万	34.95	3.25
松东支	大口—沙道观	1:5	60	50	0.65/万	33.60	2.00
虎渡河	太平口—弥陀寺		60	50	0.15/万	27.86	2.00
藕池河	藕池口—管家铺		60	50	0.25/万	24.87	2.00

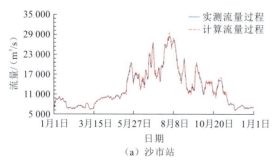

（a）沙市站

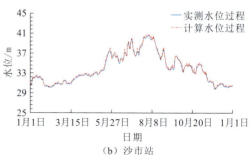

（b）沙市站

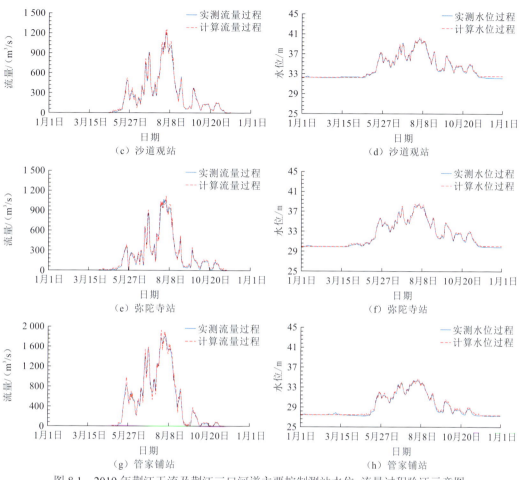

图 8.1　2019 年荆江干流及荆江三口河道主要控制测站水位-流量过程验证示意图

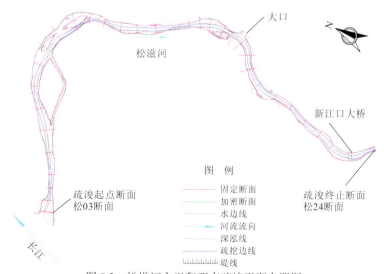

图 8.2　松滋河主干和西支疏浚平面布置图

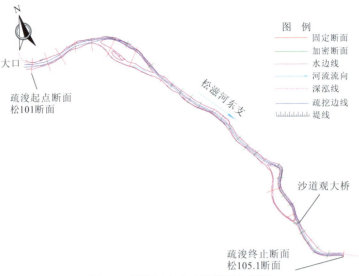

图 8.3　松滋河东支疏浚平面布置图

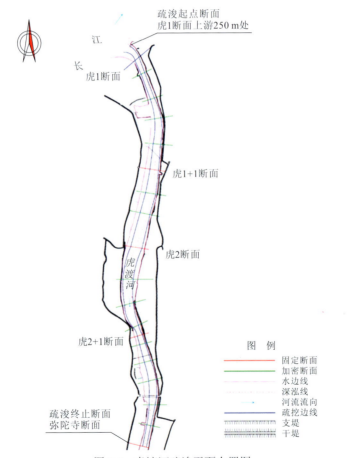

图 8.4　虎渡河疏浚平面布置图

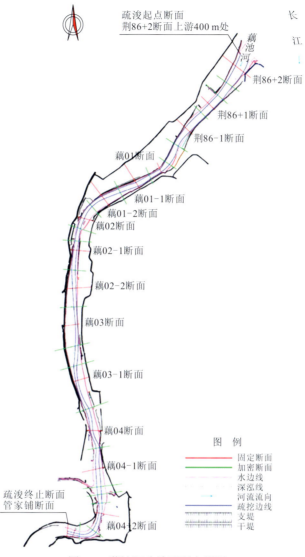

图 8.5　藕池河疏浚平面布置图

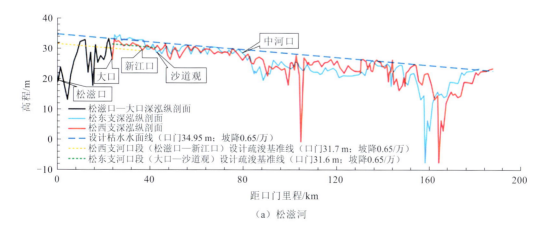

（a）松滋河

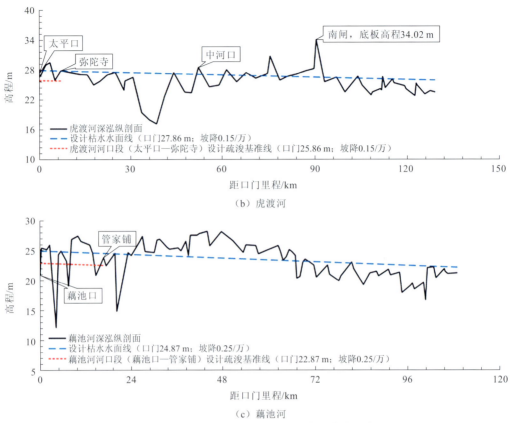

（b）虎渡河

（c）藕池河

图 8.6　荆江三口河道纵剖面及疏浚基准线示意图

经数学建模计算得到荆江三口各口门年内分流量过程，统计疏浚前后荆江三口各口门通断流当日对应枝城站同日流量及枝城站各流量级下相应分流比，整理得到疏浚效果前后对照表，详见表 8.2。

表 8.2　荆江三口河口段疏浚前后各流量级下分流比及通断流情况对照表

荆江三口	枝城站流量/(m³/s)	疏浚前			方案 P_1				方案 P_2			
		分流比/%	特征流量/日期		分流比/%	增幅/%	特征流量/日期		分流比/%	增幅/%	特征流量/日期	
			最后通流	首次断流			最后通流	首次断流			最后通流	首次断流
松滋河	5 990	1.317 2	11 700 m³/s/4 月 26 日	8 770 m³/s/11 月 23 日	3.673 6	178.89	7 260 m³/s/1 月 2 日	无	3.061 3	132.41	9 250 m³/s/1 月 3 日	5 990 m³/s/11 月 28 日
	10 000	3.081 0			4.652 0	50.99			4.331 6	40.59		
	20 000	7.831 7			8.797 3	12.33			8.640 7	10.33		
	30 000	12.036 7			12.447 1	3.41			12.399 0	3.01		
	34 400	12.587 2			12.618 7	0.25			12.617 4	0.24		
	年平均	6.668 1			7.739 4	16.07			7.674 4	15.09		

续表

荆江三口	枝城站流量/(m³/s)	疏浚前			方案 P₁				方案 P₂			
		分流比/%	特征流量/日期		分流比/%	增幅/%	特征流量/日期		分流比/%	增幅/%	特征流量/日期	
			最后通流	首次断流			最后通流	首次断流			最后通流	首次断流
虎渡河	5 990	0.000 0	10 800 m³/s /4 月 5 日	8 680 m³/s /11 月 17 日	0.000 0	0.00	10 600 m³/s /3 月 27 日	7 850 m³/s /11 月 26 日	0.000 0	0.00	10 600 m³/s /3 月 27 日	7 850 m³/s /11 月 26 日
	10 000	0.024 1			0.042 1	74.69			0.039 2	62.66		
	20 000	1.408 3			1.506 3	6.96			1.479 5	5.05		
	30 000	2.813 3			2.867 4	1.92			2.856 4	1.53		
	34 400	3.023 3			3.027 5	0.14			3.027 2	0.13		
	年平均	1.052 1			1.134 6	7.84			1.126 1	7.03		
藕池河	5 990	0.000 0	12 500 m³/s /5 月 7 日	10 900 m³/s /11 月 13 日	0.000 0	0.00	12 000 m³/s /5 月 5 日	10 900 m³/s /11 月 13 日	0.000 0	0.00	12 300 m³/s /5 月 6 日	10 900 m³/s /11 月 13 日
	10 000	0.000 0			0.000 0	0.00			0.000 0	0.00		
	20 000	2.735 1			3.475 6	27.07			3.413 7	24.81		
	30 000	5.351 7			5.486 6	2.52			5.465 3	2.12		
	34 400	5.556 1			5.559 7	0.06			5.559 2	0.05		
	年平均	2.076 4			2.155 1	3.79			2.133 7	2.76		

8.3　疏浚整治效果

总的来说，从分流萎缩严重程度及河道水流形态现状等角度来看，松西支水流及航道条件相对较好且历史上从未发生断流，荆江三口主要是松东支、虎渡河、藕池河迫切需要疏浚整治。

在河口段疏浚整治效果研究方面，主要分析疏浚对改善通流条件、延长通流时间方面的影响，可以发现：松滋河河口段在疏浚后，得益于较长的疏浚范围及东西两支汊的同时疏浚，其年均分流比的提升最为明显，其中方案 P₁ 的疏浚效果最好，其年均分流比相比疏浚前提升 16.07%，松东支断流现象得到大幅改善，基本实现了全年通流。方案 P₂ 计算通流日期也大幅提前，与方案 P₁ 接近，但断流日期延迟效果则非常有限，11 月 28 日，枝城站达到全年最枯流量 5 990 m³/s，方案 P₂ 计算得到松东支同日断流，在此流量级下，方案 P₂ 计算松滋河分流比相比疏浚前提高 132.41%，显然全为松滋河主干及西支的疏浚提升效果，方案 P₁ 在此流量级下计算得到松东支同日流态仍为通流，计算分流比提高 178.89%，其中松东支贡献占比 46.48%。

松滋河河口段多处断面深泓高程接近枝城站 6 000 m³/s 流量级下的设计枯水水面线，在枯水时存在一定阻流影响，河口疏浚后，上述位置河床被大幅削深，直接导致在枝城站 5 990 m³/s 流量级下，松滋河分流比在疏浚后大幅提高，约为疏浚前的 2.3～2.8 倍。另一方面，松滋河东西两支从纵向沿程来看，河床高程的差别及比降的不同主要集中体现在大口至相应口门控制站，而松西支历史上从未断流，松东支按设计疏浚基准线疏浚可保证此河段河床高程整体略低于疏浚前的松西支相应位置。上述原因共同决定了疏浚后的松东支具备良好的全年通流条件。

需要说明的是，目前荆江三口河道通断流一般是指相应河道口门控制测站处（沙道观站、弥陀寺站、管家铺站）的水流情况，即约定测站处流量为 0 m³/s 时河道为断流状态，反之则为通流状态，在实际应用中，可以直接由测站自记流量计监测或断面实测水文资料判断，数学建模计算也可以直接采用流量判别法，若测站断面存在水位但计算得到流量为 0，则视为断流。上述判断荆江三口河道通断流的方法可认为属于简单的结果论，若测站下游河段存在阻流因素，尽管通流困难、流速缓慢，口门测站处仍为通流状态，而更远的下游河道可能并未通流，但荆江三口河道仍被判断为通流。事实上，通过数学模型可以演算荆江三口河道任一断面位置在任一时刻的通断流状态，然而由于实测水文资料的关系，河道的通断流数学模型计算结果仅在口门测站处具备比照验证的意义。综上，本书中所提的荆江三口通断流均是指相应口门测站处的水流情况。

虎渡河河口段在疏浚后，其断流现象改善较小，方案 P_1 与方案 P_2 计算通断流日期相同，总通流天数相比疏浚前仅延长 18 天，但由于枝城站同流量级下方案 P_1 的计算分流比更大，其年均分流比提升 7.84%相较方案 P_2 更优。

虎渡河河口段存在高于设计枯水水面线的一段河床，河口段按设计疏浚基准线疏浚后，上述位置河床被大幅削深，有利于枯水流量下的通流及分流比的提高，但受限于疏浚范围较短及下游南闸阻流，疏浚效果相对十分有限。荆江分洪区南闸位于虎渡河太平口下游约 92.00 km 处，经过多次加固，现闸底板高程为 34.02 m，即便不考虑水力坡降，当太平口水位低于 34.02 m 时，南闸不通流，其上游可视为盲肠河道，必将阻碍上游弥陀寺站的水流通流，但据实测资料，弥陀寺站在太平口水位明显低于南闸底板高程时，均能顺畅通流，是因为太平口下游约 41.00 km 处有中河口与松东支相连，水量互有交换，中低水时一般是虎渡河借道流向松东支。

综上所述，虎渡河的通流状态与口门水位有极大关系，河道疏浚可以降低河底高程，对分流有一定改善，但不能抬高自身水位，口门水位取决于干流上游来水条件，不考虑水面比降，虎渡河的通流根据口门水位的不同又可分为以下 3 种类型。

（1）倒灌通流，当口门水位高于口门设计疏浚高程 25.86 m，低于中河口断面深泓高程 28.50 m 时，中河口上游可视为盲肠河道，干流洪水来临时，在涨水阶段，水流将快速涌入河道并演进至弥陀寺断面实现通流，但水流受到中河口阻碍。

（2）借道通流，当口门水位高于中河口断面深泓高程 28.50 m，低于南闸底板高程 34.02 m 时，南闸上游可视为盲肠河道，水流从中河口借道通流。但由于松滋河疏浚后松东支的通流时间及分流比得到大幅提高，虎渡河借道中河口通流时受松东支水流的顶托效应也随之增加。

（3）全线通流，当口门水位高于南闸底板高程 34.02 m 时，南闸开始通流，虎渡河实现全线通流，中河口处松东支水流顶托作用开始弱化。

藕池河河口段在疏浚后，其分流比及通流时间的提高十分有限，疏浚效果最不显著，计算通流日期仅提前 1～2 天，计算断流日期无变化。

藕池河河口段存在高于设计枯水水面线的一段河床，河口段按设计疏浚基准线疏浚后，上述位置河床被大幅削深，但由于河口段疏浚范围较短，管家铺下游距藕池口 30.00～60.00 km 存在一段高河床逆坡河段阻碍水流通流，河道整体形态受河口段疏浚影响较小，枯水时水流倒灌进入河道，流动缓慢甚至停止。干流洪水来临时，在一定的水面比降下水位起涨超过此高河床河段深泓最高点，藕池河才能实现全线通流。

2019 年 1 月荆江干流存在 1 处较小洪水过程，相应时期荆江三口口门水位也短暂超过口门设计疏浚高程，形成短暂通流。从表 8.3 中还可以发现以下 2 个共同点。

（1）荆江干流上游来水条件对荆江三口分流比及通断流的影响起决定性的作用。随着流量级的增大，河口段疏浚对分流比的提升效果越小，2 个方案疏浚效果的差距也越小。

（2）荆江三口通断流对应的同日枝城站流量并不相同，断流一般小于通流所需流量，此原因主要包括枝城站至荆江三口控制站间距导致的水流延迟效应、荆江三口河口段的深槽槽蓄效应及荆江干流涨落水阶段水位-流量呈绳套关系（图 8.7）。

表 8.3　荆江三口河口段疏浚前后月均分流量年内分布统计表

月份	松东支（沙道观站）/ (m³/s)			松西支（新江口站）/ (m³/s)			虎渡河（弥陀寺站）/ (m³/s)			藕池河（管家铺站）/ (m³/s)		
	疏浚前	方案 P_1	方案 P_2	疏浚前	方案 P_1	方案 P_2	疏浚前	方案 P_1	方案 P_2	疏浚前	方案 P_1	方案 P_2
1	0	76	65	217	293	296	0	0	0	0	0	0
2	0	56	48	119	230	235	0	0	0	0	0	0
3	0	77	66	213	294	296	0	3	3	0	0	0
4	3	117	105	369	414	415	16	20	18	8	13	11
5	179	335	317	909	956	969	159	176	173	330	354	349
6	333	491	473	1 330	1 316	1 335	277	298	296	578	608	602
7	630	769	743	2 030	1 902	1 930	525	555	553	1 036	1 057	1 050
8	632	792	765	2 020	1 947	1 977	544	574	572	1 071	1 091	1 084
9	151	304	286	837	889	900	135	150	148	260	284	279
10	94	238	220	664	729	734	90	102	100	150	169	165
11	37	129	115	370	438	442	29	37	36	48	55	53
12	0	58	0	122	235	240	0	0	0	0	0	0
平均 / (m³/s)	172	287	267	767	804	814	148	160	158	290	303	299
增幅/%	—	66.70	55.30	—	4.70	6.07	—	7.84	7.03	—	3.79	2.76

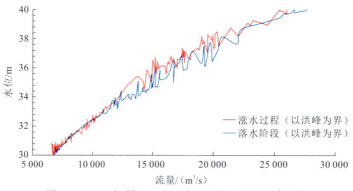

图 8.7　2019 年荆江干流沙市站水位-流量关系曲线

经数学建模计算得到荆江三口各口门年内分流量过程，统计疏浚前后荆江三口各口门控制站月均流量，整理得到荆江三口分流量疏浚前后年内分布情况，见表 8.3，可以发现：松东支、虎渡河、松西支、藕池河的疏浚效果依次减小，其中松滋河疏浚后松东支 12 月~次年 3 月流量从无到有，增加明显，年均流量提升在 50% 以上。河口段疏浚后，分流量的提升及疏浚方案间的差距主要集中在枯水期，汛期则较小，这与表 8.2 中分流比提升效果随枝城站流量级的增大而减小的结论是一致的，这一疏浚效果将荆南四河水系及洞庭湖区季节性缺水朝有利方向改善。值得注意的是由于松东支疏浚后的分流能力提升，松西支在汛期流量不仅没有较大提高，反而略有减小。

8.4　疏浚产生的影响

在河口段疏浚整治影响研究方面，主要分析疏浚对防洪、堤防岸坡、河道取水、航运的影响，并对疏浚回淤时效性进行了分析和评判。

1. 河口段疏浚对洪水影响的评价分析

荆江三口河口段疏浚后，水沙过程发生改变，势必对荆江干流及荆江三口水系下游的防洪造成影响。

荆江三口河口段疏浚对荆江干流的影响，主要表现为由于分流增加，荆江干流下游流量减少，对下游防洪向有利方向转化，但综合前述分析可知分流量的提升主要集中在枯水期或低流量级时段，枯水期或高流量级下分流量提升十分有限，故洪水期间，分流比仅略有增加，流量变化相对较小，河口段疏浚对荆江干流下游的防洪影响可忽略。事实上，在 2019 年枝城站洪峰 34 400 m³/s 流量级下，疏浚前荆江三口总分流比为 21.17%，疏浚后方案 P_1、方案 P_2 分流比分别为 21.21%、21.20%，分流量变化范围为 10~14 m³/s，相对洪峰流量可以忽略不计。

荆江三口河口段疏浚对荆江三口水系的影响，主要表现为荆江三口分流量增大，进入洞庭湖的水量增加，对下游防洪向不利方向转化。与荆江干流相同，防洪主要考虑洪水期间流量变化造成的影响，在 2019 年枝城站洪峰 34 400 m³/s 流量级下，以方案 P_1 为例，荆江三口分流量的变化依次为 11 m³/s、1 m³/s、2 m³/s，对相应河道洪水位几乎不造成影响，因此，荆江三口河口段的疏浚不会增加荆江三口河道本身及洞庭湖区的防洪压力，其压力主要来自汛期三峡水库下泄流量和流域内降雨。

2. 河口段疏浚对堤防岸坡的影响分析

疏浚主要是疏深拓宽河道。本书中的疏浚主要为枯水河槽或主河槽的疏浚，基本不涉及边滩的扩挖。疏浚底宽为 50～80 m，考虑疏浚边坡 1∶5 及荆江三口平均疏浚深度，本书疏浚工程最大宽度不超过 100 m。以河道相对较窄的虎渡河及藕池河为例，其最窄宽度约为 140～150 m，大于疏浚工程最大宽度，故本书疏浚工程布置基本沿枯水主河槽布置，工程范围距离堤脚较远，不会对现状堤防造成影响，对河势影响不大。

在扩深方面，主槽扩深增大了河道断面临空面积，可能降低边坡的稳定性。对比《洞庭湖四口水系综合整治工程方案论证报告》提出的河道扩挖方案，本书拟定的疏浚方案底宽普遍更小、挖深近似、扩挖边坡与前者保持一致，因此抗滑稳定安全验算结果可以参考《洞庭湖四口水系综合整治工程方案论证报告》，扩挖后断面抗滑稳定安全系数大于 2 级堤防要求的边坡抗滑稳定系数 1.25，不会产生崩岸。

3. 河口段疏浚对河道取水的影响分析

在河道取水方面，荆江三口河口段左右岸分布有众多灌区、民垸、城市、集镇等，沿线地区用水需求较为旺盛。根据湖北省生态环境厅 2019 年印发的《湖北省乡镇集中式饮用水水源保护区划分方案》，松滋河、虎渡河和藕池河河口段疏浚范围内分别有取水口（闸、泵站和灌站）22 个、4 个和 6 个。

疏浚工程对取水口的影响主要体现在施工期影响和运行期影响两个方面，疏浚方案实施后的运行期影响主要体现在水位及通流时间变化两个方面。

数学建模计算结果表明，疏浚方案实施后荆江三口分流比的提高随着长江干流枝城站流量级的增加而减小。在洪水期，疏浚改善效果不明显，枝城站在洪峰流量为 56 700 m³/s 时，分流比的提升最小。以此流量下的松滋口为例，疏浚前分流比为 12.34%，推荐疏浚方案 C2-1 实施后分流比为 12.37%，分流比仅提高 0.03%，流量仅增大 18 m³/s，此时疏浚方案实施后水位变化最大值及其影响范围相比疏浚前同流量下水位最小。流量的提升主要原因是疏浚工程的实施增加了过流断面面积。由于本工程疏浚主要为挖槽疏浚，底宽较窄，高水时疏挖断面面积相对全断面过流面积而言较小，疏浚工程河段水位减小最大值仅为 0.05 m，疏浚工程对水位影响大于 0.02 m 的范围位于松滋口至口门控制站下游约 900 m 内。水位变化对河口段取水口正常运用基本不造成影响，对河口段下游 900 m 河道内取水口影响较小，对河口段下游远处河道取水不造成影响。

在枯水期，疏浚改善效果较明显，在枝城站最枯流量为 6 000 m³/s 时，分流比的提升最大。以此流量下的松滋口为例，疏浚前分流比为 1.21%，推荐疏浚方案 C2-1 实施后分流比为 3.67%，分流比提高 2.46%，流量增大 147.66 m³/s，此时疏浚方案实施后水位变化值及变化范围相比疏浚前同流量下水位最大，流量的提升主要原因是流速的从无到有（即通流时间的延长）及过流面积的增大。低水时疏挖断面面积相对全断面过流面积而言较大，疏浚工程河段水位减小最大值为 0.30 m，疏浚工程对水位影响大于 0.02 m 的范围位于松滋口至口门控制站下游约 1 500 m 内。水位变化对河口段取水口的正常取水存在一定影响，但影响较小；对河口段下游 1 500 m 河道内取水口造成一定影响，对河口段下游远处河道取水口不造成影响。由于通流条件的改善及通流时间的延长，在枯水流量级下松滋河东支由断流状态恢复通流，流量从无到有，疏浚后随水位呈一定幅度下降趋势，但分流流量可以源源不断供给取水，这与疏浚前虽水位较高但无水补给的取水条件相比有极大改善。同理，虎渡河、藕池河疏浚在枯水流量下的取水影响整体也是利大于弊。

根据以上分析可知，疏浚工程实施后的运行期虽不会对荆江三口沿线取水口造成不利影响，但在施工期若处理不当，可能会对取水口造成不利影响。一是要注意河道横断面疏浚范围，推荐疏浚方案为沿河道深泓布置的挖槽疏浚，而取水口一般禁止延伸至主漕，均布置于近岸侧附近，施工时需严格按照疏浚底宽及疏浚底坡进行控制，尽量避免对取水口或设施造成损坏等不利影响；二是要注意采用环保疏浚工艺，尽量避免河道土体和底泥扰动，对河道取水水质造成不利影响；三是要合理安排施工期，疏浚尽量安排在对取水口有利的枯水断流期进行，同时应制定防汛应急预案，发生超标准洪水时，采取临时应急处理措施。按以上注意事项执行，则可将施工期对取水的影响降至最小。

综上所述，在采取相应补救措施后，疏浚方案施工期对取水基本无不利影响。疏浚方案实施后的运行期，河口段即疏浚工程区域及上、下游附近一定水域范围内的水位受到影响，同流量下水位在洪水流量下几乎不发生改变，在枯水流量下将会有所降低，但其最大变化幅度及整体影响范围十分有限，同时由于通流条件的改善及通流时间的延长，松滋河东支、虎渡河、藕池河在枯水流量下由断流无水供给变为通流供给取水，整体影响是利大于弊。

4. 河口段疏浚对航运条件的影响分析

在航运方面，荆江三口河口段疏浚后，对航运有利但作用有限。松滋河、藕池河、虎渡河要达到某一标准的全线通航，实现通航条件真正改善，不能仅靠河口段疏浚，还需整体规划航线、全线疏浚，同时需要多个部门协调统筹，采用多种形式整治措施并定期维护。

5. 河口段疏浚回淤计算及时效性分析

在疏浚时效性方面，以松滋河为例，计算得到 2 年、5 年、10 年等代表年份末荆江三口河口段回淤变化情况，如图 8.8 所示。

从图 8.8 中可以看出，除荆江三口河口段内外附近由于长江干流主流冲刷作用及河口段下游持续发生冲刷外，疏浚河段均发生不同程度的淤积，整体呈水深较大处回淤速度快，水深较浅处回淤速度较慢的规律。由于水沙条件及河床地形的不同，荆江三口冲淤情况各异（表 8.4）。

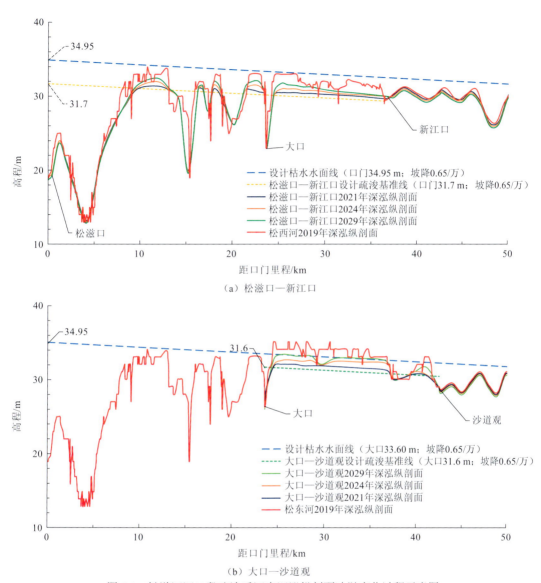

（a）松滋口—新江口

（b）大口—沙道观

图 8.8　松滋河河口段疏浚后河床深泓纵剖面冲淤变化过程示意图

表 8.4　荆江三口河口段疏浚量及回淤量计算结果对照表

指标	荆江三口								
	松滋河			虎渡河			藕池河		
疏浚量/万 m³	925.3			109.3			424.1		
年份数	2	5	10	2	5	10	2	5	10
工程区域回淤量/万 m³（指梯形断面疏挖河槽）	51.1	91.0	147.2	8.1	15.5	24.3	43.5	72.4	113.6
河口段总体回淤量/万 m³	-55.5	-112.9	-141.7	-18.3	-34.1	-45.5	-21.2	-50.0	-61.6
回淤比例/%（相比疏浚工程刚实施后的初始时刻）	5.6	9.8	15.9	7.4	14.2	22.2	10.3	17.1	26.8

松滋河河口段：松滋河河口段（松滋口至大口河段、大口至新江口河段、大口至沙道观河段）2003～2019 年实际冲刷量为 0.269 7 亿 m³，占荆江三口河口段同期冲刷总量 0.343 4 亿 m³ 的 78.5%。推荐疏浚方案下松滋河河口段在 2019 年地形基础上疏浚量为 925.3 万 m³，2 年、5 年、10 年等代表年份末工程区域（指梯形断面疏挖河槽，余同）相比初始时刻（疏浚工程刚实施后，余同）分别回淤 51.1 万 m³、91.0 万 m³、147.2 万 m³。2 年、5 年、10 年等代表年份末松滋河河口段冲淤变化总量相比初始时刻分别冲刷 55.5 万 m³、112.9 万 m³、141.7 万 m³。

虎渡河河口段：虎渡河河口段（太平口至弥陀寺河段）2003～2019 年总冲刷量为 0.029 6 亿 m³，占荆江三口河口段同期冲刷总量 0.343 4 亿 m³ 的 8.6%。推荐疏浚方案下虎渡河河口段在 2019 年地形基础上疏浚量为 109.3 万 m³，2 年、5 年、10 年等代表年份末工程区域相比初始时刻分别回淤 8.1 万 m³、15.5 万 m³、24.3 万 m³。2 年、5 年、10 年等代表年份末松滋河河口段冲淤变化总量相比初始时刻分别冲刷 18.3 万 m³、34.1 万 m³、45.5 万 m³。

藕池河河口段：藕池河河口段（藕池口至管家铺河段）2003～2019 年总冲刷量为 0.044 1 亿 m³，占荆江三口河口段同期冲刷总量 0.343 4 亿 m³ 的 12.8%。推荐疏浚方案下藕池河河口段在 2019 年地形基础上疏浚量为 424.1 万 m³，2 年、5 年、10 年等代表年份末工程区域相比初始时刻分别回淤 43.5 万 m³、72.4 万 m³、113.6 万 m³。2 年、5 年、10 年等代表年份末松滋河河口段冲淤变化总量相比初始时刻分别冲刷 21.2 万 m³、50.0 万 m³、61.6 万 m³。

结合以上计算结果可知，由于疏浚工程人为改变了局部的水流条件，疏浚工程实施后工程区域内河床开始回淤，但回淤程度有限。松滋河河口段在 2 年、5 年、10 年末回淤分别达到 5.6%、9.8%、15.9%；虎渡河河口段在 2 年、5 年、10 年末回淤分别达到 7.4%、14.2%、22.2%；藕池河河口段在 2 年、5 年、10 年末回淤分别达到 10.3%、17.1%、26.8%。松滋河、虎渡河、藕池河回淤速度依次增大，随着时间增加，荆江三口回淤速度在不断减小。

荆江三口河口段平均疏浚深度为 2 m，疏浚最大深度约为 4 m，工程区域内河床地形短时间发生了较大改变，在长江中下游来水来沙条件不变的情况下，工程区域内水沙运动与河床形态相适应条件发生改变，由于同流量水位下水深增加、流速减缓、水流挟沙能力减小，疏浚工程区域发生淤积。

需要注意的是，疏浚方案实施后，尽管局部（指疏浚工程区域）发生回淤，但新水沙条件下，长江中下游来沙大幅度减少，泥沙级配变细，下泄清水挟沙能力不饱和，导致中下游河床及荆江三口自然条件下表现为冲刷态势。受清水下泄影响，荆江三口河口附近由于靠近荆江干流持续发生冲刷，疏挖河槽主要为枯水河槽，疏挖河槽以外未疏浚的河床在水流作用下发生冲刷，故荆江三口河口段疏浚后河道整体仍呈冲刷状态。可以看出，2 年、5 年、10 年末，荆江三口回淤速度不断减小，直至2029年末，河口段疏挖河槽内河床纵剖面仍缓慢回淤，可以预见河口段疏浚工程区域回淤将逐渐减缓直至冲淤平衡并转向自然条件下的冲刷趋势。

　　综上，荆江三口河口段疏浚后，短期内疏浚工程区域将发生回淤，但其回淤程度有限，荆江三口河口段整体仍长期呈冲刷状态。由于坝下游荆江河段的冲深速度较快，同流量下荆江三口河口水位和水深逐年减小，荆江三口分流能力逐年减小的趋势不变。若要保证疏浚效果，则需要适时对河道进行二次疏浚，若要保证荆江三口下游河道的通流，则需要开展长河段的疏浚。

参考文献

薄录吉, 王德建, 汪军, 等, 2015. 苏南河道疏浚底泥农用对土壤及水稻生长的影响[J]. 土壤通报, 46(3): 709-714.

曹文洪, 毛继新, 2015. 三峡水库运用对荆江河道及三口分流影响研究[J]. 水利水电技术, 46(6): 67-71, 78.

长江水利委员会, 1997. 三峡工程泥沙研究[M]. 武汉: 湖北科学技术出版社.

陈飞, 2019. 新时代的洞庭湖治理[N]. 中国水利报, 2019-11-21(6).

陈莫非, 要威, 李义天, 等, 2018. 荆江三口分流变化贡献率及其对三峡水库调度响应[J]. 中国农村水利水电 (12): 116-120, 125.

陈吟, 王延贵, 陈康, 2018. 水库泥沙的资源化原理及其实现途径[J]. 水力发电学报, 37(7): 29-38.

代稳, 吕殿青, 王金凤, 等, 2017. 三峡水库运行对荆江三口水文情势变异程度分析[J]. 水力发电, 43(8): 26-30.

丁继勇, 王卓甫, 2018. 长江河道疏浚砂石综合利用管理[M]. 北京: 机械工业出版社.

方春明, 毛继新, 陈绪坚, 2007. 三峡工程蓄水运用后荆江三口分流河道冲淤变化模拟[J]. 中国水利水电科学研究院学报(3): 181-185.

高辰龙, 陆纪腾, 刘燕婕, 2016. 荆江航道疏浚土优先控制污染物筛选研究[J]. 水运工程(7): 26-31, 60.

高耶, 谢永宏, 邹冬生, 2020. 三峡工程运行前后荆江三口水文情势的变化[J]. 长江流域资源与环境, 29(2): 479-487.

郭熙灵, 龙超平, 吴新生, 2002. 长江中下游防洪模型研究: 可行性及规划方案简介[J]. 长江科学院院报 (1): 7-9.

郭小虎, 韩向东, 朱勇辉, 等, 2010. 三峡水库的调蓄作用对荆江三口分流的影响[J]. 水电能源科学, 28(11): 48-51.

郭小虎, 李义天, 渠庚, 等, 2011. 三峡水库蓄水后荆江河段水位变化研究[J]. 水电能源科学, 29(1): 29, 30-33.

胡功宇, 黄火林, 2006. 松滋口分流分沙变化分析[J]. 人民长江(12): 47-48.

胡红兵, 吴中乔, 高辰龙, 等, 2018. 长江航道疏浚土潜在的健康风险[J]. 水运工程(1): 45-49.

胡茂银, 李义天, 朱博渊, 等, 2016. 荆江三口分流分沙变化对干流河道冲淤的影响[J]. 泥沙研究(4): 68-73.

湖北省生态环境厅, 2019. 湖北省乡镇集中式饮用水水源保护区划分方案 [R]. 武汉: 湖北省生态环境厅.

江璇, 程金平, 唐庆丽, 等, 2013. 上海市疏浚泥资源化可利用性分析[J]. 环境科学与技术, 36(S1): 86-89, 112.

金相灿, 李进军, 张晴波, 2016. 湖泊河流环保疏浚工程技术指南[M]. 北京: 科学出版社.

李杨, 杨文尧, 2016. 洞庭湖三口河系地区径流演变情势与农业用水面临的挑战[J]. 中国农村水利水电

(11): 86-92, 100.

李义天, 孙昭华, 邓金运, 等, 2004. 泥沙输移变化与长江中游水患[J]. 泥沙研究(2): 33-39.

李义天, 郭小虎, 唐金武, 等, 2008. 三峡水库蓄水后荆江三口分流比估算[J]. 天津大学学报(9): 1027-1034.

李义天, 郭小虎, 唐金武, 等, 2009. 三峡建库后荆江三口分流的变化[J]. 应用基础与工程科学学报, 17(1): 21-31.

梁启斌, 周俊, 王焰新, 2004. 利用湖泊底泥和粉煤灰制备瓷质砖的实验研究[J]. 地球科学(3): 347-351.

刘伟, 杨富淋, 汪华安, 等, 2018. 珠三角河道底泥资源化利用探讨[J]. 环境科学与技术, 41(S1): 363-366.

卢程伟, 周建中, 江焱生, 等, 2017. 基于 MIKE FLOOD 的荆江分洪区洪水演进数值模拟[J]. 应用基础与工程科学学报, 25(5): 905-916.

卢金友, 1996. 荆江三口分流分沙变化规律研究[J]. 泥沙研究(4): 54 - 61.

卢金友, 罗恒凯, 1999. 长江与洞庭湖关系变化初步分析[J]. 人民长江(4): 24-26.

卢金友, 姚仕明, 2018. 水库群联合作用下长江中下游江湖关系响应机制[J]. 水利学报, 49(1): 36-46.

卢金友, 姚仕明, 邵学军, 等, 2012. 三峡工程运用后初期坝下游江湖响应过程[M]. 北京: 科学出版社.

罗敏逊, 卢金友, 1998. 荆江与洞庭湖汇流区演变分析[J]. 长江科学院院报(3): 11-16.

穆锦斌, 张小峰, 许全喜, 2008. 荆江三口分流分沙变化研究[J]. 水利水运工程学报(3): 22-28.

宁磊, 张黎明, 肖华, 2012. 荆江三口洪道防洪治理措施探讨[J]. 人民长江, 43(9): 81-84.

渠庚, 唐峰, 刘小斌, 2007. 荆江三口与洞庭湖水沙变化及影响[J]. 水资源与水工程学报(3): 94-97, 100.

施勇, 栾震宇, 胡四一, 2005. 长江中下游水沙数值模拟研究[J]. 水科学进展(6): 840-848.

石稳民, 黄文海, 罗金学, 等, 2020. 河湖淤泥制备陶粒轻集料的研究进展[J]. 四川环境, 39(2): 193-200.

宋崇渭, 王受泓, 2006. 底泥修复技术与资源化利用途径研究进展[J]. 中国农村水利水电(8): 30-34.

苏德纯, 胡育峰, 宋崇渭, 等, 2007. 官厅水库坝前疏浚底泥的理化特征和土地利用研究[J]. 环境科学(6): 1319-1323.

孙军胜, 姚忠辉, 段连红, 等, 2004. 长江防洪大模型在武汉开工兴建[J]. 中国水利(7): 83.

谈广鸣, 余明辉, 2016. 河流工程[M]. 北京: 中国水利水电出版社.

田涛, 张乐跃, 李玉赛, 等, 2019. 疏浚底泥湿法制备免烧骨料砖及其性能分析[J]. 天津科技大学学报, 34(5): 63-67, 80.

王崇浩, 韩其为, 1997. 三峡水库建成后荆南三口洪道及洞庭湖淤积概算[J]. 水利水电技术(11): 16-20.

王冬, 方娟娟, 李义天, 等, 2017. 三峡水库蓄水后荆江三口分流变化及原因[J]. 水电能源科学, 35(12): 74-77.

王军, 姚仕明, 周银军, 2019. 我国河流泥沙资源利用的发展与展望[J]. 泥沙研究, 44(1): 73-80.

王向辉, 周鑫, 吴高蓉, 等, 2019. 美舍河清淤底泥分析评价及土地资源化利用[J]. 科学技术与工程, 19(15): 360-364.

王正成, 毛海涛, 强跃, 等, 2020. 洞庭湖水系水沙特性及参数间的相关性研究[J]. 水生态学杂志, 41(3): 32-41.

韦直林, 1982. 二度恒定均匀流中泥沙的淤积过程[J]. 武汉水利电力学院学报(4): 35-47.

吴作平, 杨国录, 甘明辉, 2003. 荆江—洞庭湖水沙数学模型研究[J]. 水利学报(7): 96-100.

熊正伟, 夏军强, 王增辉, 等, 2019. 小浪底水库调水调沙期水沙运动全过程模拟[J]. 中国科学: 技术科学, 49(4): 419-432.

许全喜, 胡功宇, 袁晶, 2009. 近50年来荆江三口分流分沙变化研究[J]. 泥沙研究(5): 1-8.

杨丹, 范欣柯, 刘燕, 等, 2017. 河道疏浚底泥农业利用可行性分析[J]. 科技通报, 33(1): 235-239.

杨瑞敏, 丁建文, 章振宁, 2020. 高含水率疏浚泥沙堆场的颗粒分选特性研究[J]. 泥沙研究, 45(1): 59-66.

姚仕明, 王军, 郭超, 2020. 新形势下长江流域泥沙资源的利用与管理[J]. 长江技术经济, 4(1): 21-28.

殷瑞兰, 陈力, 2003. 三峡坝下游冲刷荆江河段演变趋势研究[J]. 泥沙研究(6): 1-6.

臧小平, 郭利平, 陈宏章, 等, 1992. 长江干流水底沉积物中十二种金属元素的背景值及污染状况的初步探讨[J]. 中国环境监测(4): 18-20

张瑞瑾, 1963. 论重力理论兼论基移质运动过程[J]. 水利学报(3): 11-23.

张有兴, 廖晓红, 黎昔春, 等, 2008. 松滋河堵支并流整治措施研究[J]. 泥沙研究(1): 52-56.

赵建峰, 2019. 河道清淤疏浚施工技术的应用研究[J]. 河北水利(12): 42-43.

赵秋湘, 付湘, 孙昭华, 2020. 三峡水库运行对荆江三口分流的影响评估[J]. 长江科学院院报, 37(2): 7-14.

赵志均, 2019. 河道清淤疏浚施工技术的控制措施研究[J]. 低碳世界, 9(5): 75-76.

中华人民共和国水利部, 2009. 三峡水库优化调度方案[R]. 北京: 中华人民共和国水利部.

中华人民共和国水利部, 2015. 三峡(正常运行期)—葛洲坝水利枢纽梯级调度规程[R]. 北京: 中华人民共和国水利部.

仲志余, 谢作涛, 2014. 三峡工程运用初期荆江与洞庭湖治理问题探讨[J]. 人民长江, 45(1): 1-5, 40.

周才金, 沈健, 熊慧, 2020. 新水沙条件下三口分流分沙及荆江平滩河槽形态变化分析[J]. 人民珠江, 41(6): 22-26.

朱广伟, 陈英旭, 王凤平, 等, 2002. 景观水体疏浚底泥的农业利用研究[J]. 应用生态学报(3): 335-339.

CHANG J, LI J B, LU D Q, et al., 2010. The hydrological effect between Jingjiang River and Dongting Lake during the initial period of three gorges project operation[J]. Chinese geographical science, 20(5): 771-786.

CHEN H, ZHU L J, WANG J Z, et al., 2017. Modal analysis of annual runoff volume and sediment load in the Yangtze river-lake system for the period 1956~2013[J]. Water science & technology, 76(1): 1-14.

YOZZO D J, WILBER P, WILL R J, 2004. Beneficial use of dredged material for habitat creation, enhancement, and restoration in New York-New Jersey Harbor[J]. Journal of environmental management, 73(1): 39-52.